ゲームにひそむ数理

－ゲームでみがこう!! 数学的センス－

秋山　仁・中村義作 共著

森北出版株式会社

序

　数学を勉強すると思考力や論理性を養うことができます．しかし，思考力や論理性を養うために，数学を学ばなければならない必然はありません．数学はとっくの昔に嫌いになっている人や，疎縁になってしまっている人でも，ゲームにひそむ数理について勉強すれば，数学的考え方や論理性を自然にものにすることができます．

　ゲームを楽しみながら，アイディアや発想が次々と湧き出る"思考の泉"を自分の頭に堀り起こしたいと考えている人々に贈る書物が本書です．本書を読みこなすために必要となる数学的知識は，帰納法と中学生レベルのものですから，高校生なら誰でもその気になりさえすれば完全に読破可能です．また，数学的考え方や発想法を身につけたいと考えている文系の大学生や，一般の人にも本書は適しています．

　世の中には，楽しいゲームがたくさんありますが，それら全部を本書で解説することはとうていできません．そこで，本書で扱うゲームの種類について言及しましょう．

　トランプやマージャンのように，運が結果に大きく影響するものと，囲碁や将棋のように，技量だけで勝敗の決まるものがあります．どちらが楽しいかは好みによりますが，背後にひそむ数理を解明しようとすると，扱いはまったく変わってきます．運が結果に影響するゲームでは，運を確率の問題として扱うため，どうしても確率論が入ってきてしまいます．これに対し，技量だけで決まるゲームでは，そのゲームの特性をうまく見抜けば，そのゲーム固有の数学的理論が展開できます．

　この本では，技量だけで決まるゲームを取り上げることにしました．これは，確率論の登場が煩わしいのではなく，数学的な扱いが異質になるという理由からです．一貫した思想で理論を展開しようとすると，この立場をとらざるを得ないのです．

　なお，技量だけで勝敗の決まるものに限定しても，１人で楽しむゲームと２人か３人以上で勝敗を争うゲームがあります．この本では，最初に１人ゲーム

を取り上げ，次に2人ゲームを取り上げることにしました．3人以上のゲームを取り上げないのは，何人かで結託するという策が現れて，ゲームの性格が変わってきてしまうからです．

　どんなゲームでも，まず，自分で実際にプレイすることが大切です．2人ゲームだったら，友だちでも同僚でも弟でも妹でも，近くにいる人をつかまえて実際にプレイして下さい．何回も何回もプレイしているうちに益々不思議が拡がると同時に，勝つためのポイントが煮つめられてきます．そうなった状態で解説を読み直すと，"オー，ナルホド！"と背後にひそむ数理をすぐに納得することができるでしょう．本書を完璧に読破し，皆さんがゲームの達人になられることを期待しています．

　最後になりましたが，本書を原稿の段階から何回も読み，判りづらかった箇所をかみくだき，スラスラと読めるように改良してくれた松永清子女史と，幾多もの朱入れに辛抱強くつき合ってくれた編集部の石田昇司氏に心から感謝します．

　1998年4月

著　者

目　　　次

第1章
ペグ・ソリテア

1.1　ペグ・ソリテアの発祥

　最初に取り上げるゲームは，楽しさの点からも，背後に潜む数理の点からも，最高の1人ゲームと推奨できる「ペグ・ソリテア」である．**ペグ・ソリテア**は，日本では「**ピアス**」という商品名で売られているので（図1.1），ご存じの読者も多いと思う．数十年も前には「**コーナー・ゲーム**」の名で売られていたが，販売元が替わったためか，商品名も別になった．もっとも，この種の改名は常識のようで，「**オセロ**」の名で人気を集めた2人ゲームも西洋ではすでに19世紀末に「**レバーシ**」の名で開発され，日本では大正時代に「**源平碁**」の名で売られたことがある．

　史料を見ると，ペグ・ソリテアの発祥は17世紀で，それを楽しんでいる女性の絵画が1697年に描かれている（図1.2）．ただし，図1.1のタイプと少し違っている．じつは，ペグ・ソリテアにはこの2種類があり，どちらかというと，

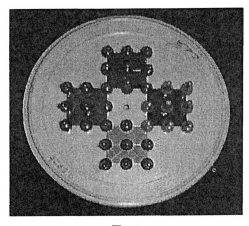

図1.1

図1.2

図 1.1 のタイプが標準である．このためか，ペグ・ソリテアといったときは，多くの場合，図 1.1 のタイプを指す．

　ペグ・ソリテアを考案したのはパリのバスティーユ監獄に幽閉されたフランスの貴族で，閉ざされた世界での悲しい産物である．なにしろ，この監獄は要塞堅固で，外部との連絡を隔絶され，心のゆとりももてなかったらしい．この貴族は，哀れな環境の中で，1 人ゲームに興ずる以外に時間をつぶす方法がなかった．こうして，ペグ・ソリテアの誕生となったが，まったくの独創というわけではない．それは「**キツネとガチョウ**」と呼ばれる 2 人ゲームを 1 人用に改変したものである．

　「キツネとガチョウ」では，図 1.1 とまったく同じ形の盤を使う．1 匹のキツネを中央のすぐ下におき，13 羽のガチョウを上部と左右の先端に分散しておく．そして，1 人はキツネになって追いかけ，もう 1 人はガチョウになって逃げる．ゲームは，12 羽までのガチョウを食い殺せばキツネの勝ち，2 羽以上のガチョウが生き残ればガチョウの勝ちというものであるが，細かい規則は省略する．このとき，キツネがガチョウを喰い殺すには，そのガチョウを飛び越えて，一つ先の場所に移る必要がある．次の節で説明するように，この飛び方がペグ・ソリテアのピンの飛び方とよく似ている．

　哀れな貴族は，自分の考案した 1 人ゲームで，孤独の寂しさを紛らわしていたが，やがてこれがパリの市内にも知られ，ひとたび市販品としてイギリスに伝わると，またたく間に世界中に広がった．これが 18 世紀末ということなので，愛好家たちの手によって，もう 200 年以上も受け継がれている．ペグ・ソリテアはそれだけの魅力を秘めたゲームなのである．まだ，ご存じのない読者は，ぜひ挑戦していただきたい．きっと，その魅力に取りつかれることであろう．

1.2　ペグ・ソリテアの遊び方

　図 1.3 はペグ・ソリテアの盤で，図 1.1 を上から見たものである．周囲の円は容器の縁で，ゲームとは無関係である．いま，縦線と横線の交点を格子点と呼び，その個数を数えると，全部で 33 個ある．これらの格子点にはピンをさし込む穴があり，それを白マルで示してある．ピンは全部で 32 個あって，穴の個数より 1 個だけ少ない．道具はこれだけなので，改めて市販品を買う必要はない．紙に 3 行 3 列の十字形の線を引き，そこに碁石をおけばすむ．この点からも，非常に庶民的なゲームである．なお，**ペグ**(peg) はピン，**ソリテア**(solitaire)

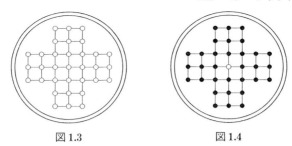

図 1.3   図 1.4

は 1 人ゲームの意味であるから，ペグ・ソリテアを日本語に訳せば，ピンを使った 1 人ゲームとなる．

　ゲームを始めるには，まず 32 個のピンをすべて格子点の穴にさし込んでおく．すると，穴は 33 箇所あるので，ピンのない穴が 1 箇所だけ残る．この場所はどこでもよいが，ふつうは中央の穴にする．図 1.4 はこの状態を示したもので，ピンをさし込んだ穴を黒マル，さし込んでない穴を白マルで示してある．以下では，いつもこの表示を使う．

　ゲームの進め方は，以下の規則でピンを盤上から 1 個ずつ取り去り，もうこれ以上は 1 個も取れないという状態に達すると終わる．このとき，盤上に取り残されたピンが 1 個ならば成功，2 個以上ならば失敗である．

　その規則というのは，縦または横の直線上に 2 個のピンが隣り同士に並んでいて，すぐその隣りの穴があいているとき，あいた穴から遠いほうのピンをこの穴に移し，飛び越されたピンを盤上から取り去るというものである．そして，この配置がなければ，ピンはいっさい動かせない．すなわち，2 個以上のピンを同時に飛び越したり，1 個のピンを斜めに飛び越してはいけない．以下では，これを**基本規則**と呼ぶことにする．図 1.5 の左側はピンの実際の飛び越し方を示し，右側はそれによってピンの配置がどう変わるかを示している．基本規則に従って，実際に図 1.4 の状態のペグ・ソリテアに挑戦すると，いくつかのピ

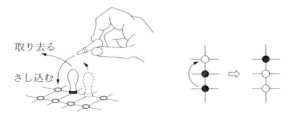

図 1.5　基本規則

ンがバラバラに残って，なかなか1個にできないだろう．これを何回か繰り返すうちに，いつしかゲームの魅力に取りつかれ，半日ぐらいすぐに過ぎてしまうはずだ．まだ，経験したことのない読者は，この先を読むまえに，ぜひゲームの面白さを肌で直接に味わっていただきたい．

　ペグ・ソリテアには，美しい数理が潜んでいる．それは，最後に1個のピンが残るとすればどの格子点に，2個残るとすればどことどこの格子点に，一般に n 個のピンが残るとすればどこどこの格子点に…というように，ピンの残る格子点の候補が何通りかに限られることである．もっとも著しい例は，1個のピンが残るときで，そのピンが中央の穴にくるときである．つまり，ゲームを始める最初の配置では，ピンがさし込まれていない穴は中央の格子点だけなのに，ゲームが終わる最後の配置では，逆にその格子点だけにピンがさし込まれている場合である．同じことは，最初の配置を変えてもいえる．32個のピンを適当にさし込んで，どこか1箇所だけ穴を残す．すると，うまくピンを動かしていけば1個のピンだけをまさにその穴に残すことができる．このことは，以下の解説から明らかになるが，その理論を知るまえに，読者自身でその配置に成功すれば，間違いなく快感に酔いしれるだろう．

1.3　有用な定石

　ペグ・ソリテアに何回か挑戦すると，場当たり的なやり方では，絶対に成功しないことを痛いほど思い知らされる．ピンを1個にするどころか，2個や3個にするのも容易ではない．かといって，最初から最後の配置までの全手順を頭の中で考えるのは不可能である．そこで，登場するのが定石である．

　定石というと，ふつうは囲碁や将棋を思い出すだろう．部分的な局面で，最善の手順を教えるものである．ペグ・ソリテアの定石も，この観点からは同じである．簡単なものから紹介しよう．

　[**定石A**]　図1.6の左端の（a）には，4個のピンと1個の穴がある．まず，

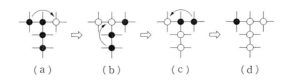

（a）　⇒　（b）　⇒　（c）　⇒　（d）

図1.6

横に並んだ2個のピンに基本規則を適用すると（b）に移る．次に，縦に並んだ2個のピンに基本規則を適用すると（c）に移る．最後に，横に並んだ2個のピンに基本規則を適用すると（d）に移る．ここで，（a）と（d）を比べると，縦に並んだ3個のピンを盤上からそっくり取り去った形になっている．盤上に残ったもう1個のピンは最初の位置のままである．このため，最初と最後の配置だけを示せば図1.7となる．ここに，黒マルは盤上から取り去った3個のピンで，2重の黒マル（◉）と2重の白マル（◎）はその操作を助けるため

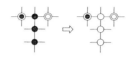

図1.7 定石A

の補助的なピンと穴である．

図1.7を見ると，化学反応の触媒が連想される．すなわち，触媒を必要とする化学反応では，それがないと化学反応を起こさないのに，反応したあとの状態では，触媒は最初のままの状態で残っている．この立場から2重の黒マルと2重の白マルを見ると，化学反応の触媒と同じ役割を果たしていることに気がつく．そこで，これらを**キャタライザー**と呼び（キャタライザー（catalyzer）は触媒の意味である），特に，ピンと穴を区別したいときは，それぞれを**ピン・キャタライザー，ホール・キャタライザー**と呼ぶ．

［**定石B**］ 定石Aを使うと，定石B（図1.8）はほとんど明らかである．図1.9のように，まず点線の内部に定石Aを適用する．このとき，点線内の左上隅の黒マルを仮のピン・キャタライザーと解釈する．これによって，縦に並んだ3個の黒マルはそっくり消え，キャタライザーに使った黒マルはそのままの状態で残る．この結果を見ると，残りの配置は図1.7の左側そのものである．そこで，ここでもホール・キャタライザーを想定して，縦に並んだ3個の黒マルを取り去ると，図1.8の右側の状態になる．

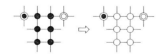

図1.8 定石B

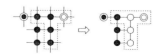

図1.9

　［**定石 C**］　この手順を理解すると，縦列を 1 列追加した定石 C（図 1.10）は
もはや説明の必要もない．定石 A を 3 回使うだけである．すると，縦列をさら
に多くした図 1.11 もまったく同じことで，縦列を何列追加してもよいことがわ
かる．

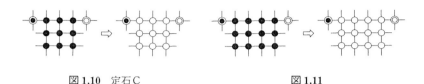

図 1.10　定石 C　　　　　　　　　　　　　　図 1.11

　これらの定石の特徴は，直線上に並んだ 3 個のピンを 1 組として， 3 個ずつ
を同時に取り去っていくことである．これはきわだった特徴で，以下の定石も
ほとんどこの特徴を備えている．（ただ，最後の定石 J だけが違っていて，直線
上に並んだ両端の 2 個の黒マルを取り去っている）．

　［**定石 D〜J**］　以下では，D から J までの定石を紹介するが，図を見れば明
らかなものが少なくないので，解説は一部の定石についての補足にとどめる．
なお，これらの定石では，手順をすべて左から右へ進めてあるので，矢印は省
略した．

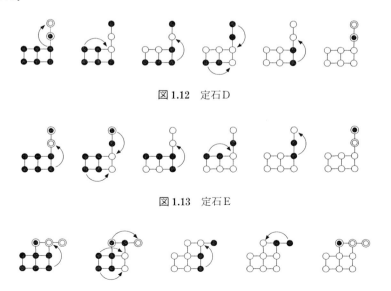

図 1.12　定石 D

図 1.13　定石 E

図 1.14　定石 F

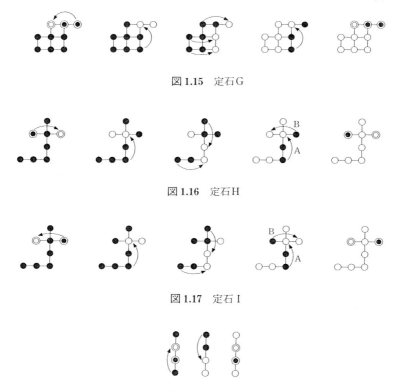

図 1.15　定石 G

図 1.16　定石 H

図 1.17　定石 I

図 1.18　定石 J

　D から G までの定石は，どれも横に並んだ 3 個ずつの 2 組のピンを取り去る
もので，キャタライザーの位置が違うだけである．これらは，盤上の配置によ
って使い分けることが大切である．なお，F と G の定石では，3 個のキャタラ
イザーを使っているが，最後の配置では，どのキャタライザーも最初の位置に
戻っていることに注意せよ．

　H と I の定石は，ピン・キャタライザーとホール・キャタライザーの位置を
入れ替えただけで，その他の配置はまったく同じである．このため，H の定石
を見れば，I の定石はほとんど明らかである．しかし，場合に応じた使い分けが
大切なので，どちらも定石として取り上げた．

　最後の定石 J は，これまでのものと違っている．3 個のピンを 1 組として取
り去るものではなく，直線上に並ぶ 4 個の格子点から，両端のピンを取り去る
ものである．異質であるが，ときとして有用なので定石の一つに加えることに

した.

　以上で, A から J までの 10 個の定石を紹介したが, これらはペグ・ソリテア
を成功に導く重要な鍵を与える. 次の節では, 成功に導く具体的な手順を示す
が, それを見ると, 定石がいかに大切であるかがよくわかるであろう.

1.4　成功に導く手順

　1.2 節で述べたように, ゲームを始める最初の状態では, 穴を 1 箇所だけ残し
て, 他の穴はすべてピンをさし込んでおく. すると, 上下と左右に対称なもの
を除けば, 本質的な穴の位置は図 1.19 の 7 通りとなる. この中には, 最後の状
態が簡単に読み取れるものから, 相当に難解なものまでいろいろある. 以下で
は, アルファベット順に, 成功に導く具体的な手順を示す. ただし, これら以
外の手順もあるので, 興味ある読者はぜひ別の手順を探してもらいたい.

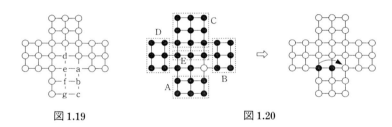

図 1.19　　　　　　　　　　　　　　図 1.20

　最初は格子点 a が穴の場合で, 定石をうまく使えば一気に解決する. 図 1.20
はこの手順を示したもので, 読みの練習にしてもらいたい. 手順は A, B, C,
D, E の順に進める. ただし, 煩雑となるので, キャタライザーは省略した. ま
ず, A と B の内部に定石 E を適用すると, そこのピンがそっくり消える. 次に,
C の内部に定石 C を適用すると, そこのピンがそっくり消える. 同じようにし
て, D の内部に定石 F を適用し, E の内部に定石 A を適用すると, 図 1.20 の右
側の配置となる. これに基本規則を適用すれば, 最初の状態で穴になっていた
格子点 a だけにピンが残る. 定石のよい適用例である.

　次は, 格子点 b が穴の場合で, 図 1.21 のように少し複雑になる. まず, 定石
を適用するための準備として, A, B, C の順に基本規則を適用する. これによ
って, 左から中央の配置に移る. 次に, D の内部に定石 A を適用し, E と F に
基本規則を適用する. こうして, 中央から右の配置に移る. この状態に達する
と, ようやく定石が適用できる. まず, G の内部に定石 C, H の内部に定石 F

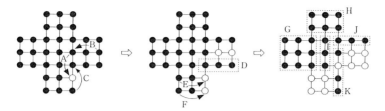

図 1.21

を適用する．次に，I と J の内部に順次に定石 A を適用し，最後に K の内部に
定石 J を適用すれば，格子点 b に 1 個のピンが残る．このように，格子点 b に
穴がある場合には，定石を適用するための準備が必要である．この手順は簡単
に見えるが，鋭い洞察力が必要である．

　次は，格子点 c が穴の場合で，図 1.22 の手順を踏む．ここでも，定石を適用
するための準備は必要で，A，B，C の順に基本規則を適用する．これによって，
左から中央の配置に移る．次に，D の内部に定石 A，E の内部に定石 D，F の内
部に定石 C，G の内部に定石 F，H の内部に定石 A を順次に適用すれば，中央
から右の配置に移る．これに基本規則を適用すれば，格子点 c に 1 個のピンが
残る．

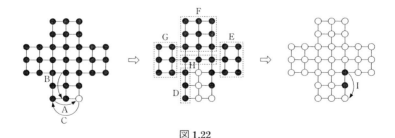

図 1.22

　次は，格子点 d が穴の場合で，これが標準の配置である．かなりの難問で，
定石を適用するまでの手順がむずかしい．図 1.23 はその一例で，まず A に基本
規則，B の内部に定石 A，C と D に基本規則を順次に適用する．これによって，
左から中央の配置に移る．次に，E と F に基本規則，G の内部に定石 A，H に
基本規則を順次に適用する．これによって，中央から右の配置に移る．ここで，
I に基本規則を適用すると，ようやく定石の適用できる配置になる．あとは，J

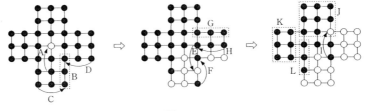

図 1.23

の内部に定石 C，K の内部に定石 F，L の内部に定石 A を適用すれば，格子点 d に 1 個のピンが残る．

　次は，格子点 e が穴の場合で，図 1.24 の手順を踏む．まず，A と B の内部に定石 A を適用してから，C に基本規則を適用する．これによって，左から右の配置に移り，あとは定石だけの適用で一気に最後の配置に到達する．具体的には，D の内部に定石 E，E の内部に定石 A，F の内部に定石 C，G の内部に定石 E を順次に適用すれば，格子点 e に 1 個のピンが残る．

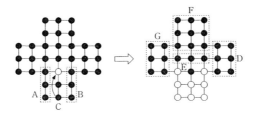

図 1.24

　次は，格子点 f が穴の場合で，図 1.25 の手順を踏む．まず，A と B に基本規則を適用する．これによって，左から中央の配置に移る．次に，C の内部に定石 E，D の内部に定石 C，E の内部に定石 F，F の内部に定石 H を順次に適用する．これによって，中央から右の配置に移る．最後に，G と H に基本規則を適用す

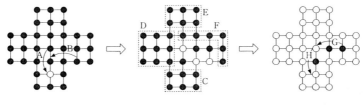

図 1.25

れば，格子点 f に 1 個のピンが残る．

最後は，格子点 g が穴の場合で，格子点 d が穴の場合と同じように，かなりの難問である．図 1.26 のように，まず A，B に順次に基本規則を適用し，次にC の内部に定石 A，D に基本規則，E の内部に定石 E を適用する．これによって，左上から中央の配置に移る．次に，F に基本規則を適用したのち，G の内部に定石 I，H の内部に定石 H を適用する．さらに，I に基本規則を適用すれは，中央から右の配置に移る．次に，K に基本規則を適用し，J の内部に定石 J を適用する．これによって，右から左下の配置に移るので，L と M に基本規則を適用すれば，格子点 g に 1 個のピンが残る．

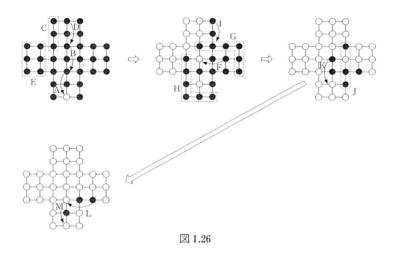

図 1.26

これまでの考察（図 1.20〜図 1.26）で，a から g までのすべての場合が調べられた．この結果，最初の穴をどの格子点に選んでも，最後はその格子点だけにピンを残す手順が必ず存在することがわかった．これによって，1 人ゲームとしてのペグ・ソリテアは，いつでも成功に導くことができる．このため，具体的な手順はほぼ解明されたといえる．

1.5 ペグ・ソリテアの数理(1)

1.2 節で指摘したように，ペグ・ソリテアには美しい数理がひそんでいる．以下では，この美しい数理を紹介して，この章のしめくくりとする．

少し唐突のようであるが，直線上に連続して並ぶどの 3 個の格子点をとって

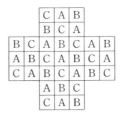

図 1.27

も，そこに 3 個の文字 A，B，C が現れるように，33 箇所の格子点にこれらの文字を割り当ててみる．すると，もっとも明確な方法は，図 1.27 のように割り当てることであることがわかる．ただし，格子点上の文字は見えにくいので，33 箇所の格子点をそれぞれ正方形に置き換え，マスの中に文字をかき込むようにした．以下では，ペグ・ソリテアの盤をこの方法で表すことにする．

　いま，A，B，C の格子点にさし込んだピンをそれぞれ A のピン，B のピン，C のピンと呼ぶことにして，任意の盤面での A のピンの個数を N_A，B のピンの個数を N_B，C のピンの個数を N_C で表す．すると，基本規則でピンを取り去るごとに，これらの個数は必ず変わる．その変わり方を調べるため，まずピンの飛び越し方を調べると，直線上に 3 個の文字が並ぶことから，

（1）　A のピンが B のピンを飛び越して C の穴に移る
（2）　A のピンが C のピンを飛び越して B の穴に移る
（3）　B のピンが A のピンを飛び越して C の穴に移る
（4）　B のピンが C のピンを飛び越して A の穴に移る
（5）　C のピンが A のピンを飛び越して B の穴に移る
（6）　C のピンが B のピンを飛び越して A の穴に移る

の 6 通りですべてである．このため，これらの飛び越し方に対応して，

（1）　N_A と N_B は 1 ずつ減り，N_C は 1 だけ増える
（2）　N_A と N_C は 1 ずつ減り，N_B は 1 だけ増える
（3）　N_B と N_A は 1 ずつ減り，N_C は 1 だけ増える
（4）　N_B と N_C は 1 ずつ減り，N_A は 1 だけ増える
（5）　N_C と N_A は 1 ずつ減り，N_B は 1 だけ増える
（6）　N_C と N_B は 1 ずつ減り，N_A は 1 だけ増える

となる．これを見ると，（1）と（3），（2）と（5），（4）と（6）はそれぞれ同じである．ここで，$N_A + N_B$，$N_A + N_C$，$N_B + N_C$ を考えると，

	$N_A + N_B$	$N_A + N_C$	$N_B + N_C$
（1）と（3）	2 だけ減る	変わらない	変わらない
（2）と（5）	変わらない	2 だけ減る	変わらない
（4）と（6）	変わらない	変わらない	2 だけ減る

となるので，これらの和が奇数か偶数かは，どのような飛び越し方でも変わらない．ということは，最初のピンの配置が与えられると，

$$N_{A+B} = N_A + N_B$$
$$N_{A+C} = N_A + N_C$$
$$N_{B+C} = N_B + N_C$$

の 3 数が奇数か偶数かは，最後の配置に到達するまで一定不変ということである．そこで，最後の配置でピンが 1 個だけ残るときを考えると，それが A のピンであれば，その状態では

$$N_A = 1, \qquad N_B = N_C = 0$$

は明らかである．こうして，

$$N_{A+B} = 奇数, \qquad N_{A+C} = 奇数, \qquad N_{B+C} = 偶数$$

がゲームの最初から最後まで一定不変となる．同じようにして，最後に B のピンが 1 個だけ残れば，

$$N_{A+B} = 奇数, \qquad N_{B+C} = 奇数, \qquad N_{A+C} = 偶数$$

が一定不変となり，最後に C のピンが 1 個だけ残れば，

$$N_{A+C} = 奇数, \qquad N_{B+C} = 奇数, \qquad N_{A+B} = 偶数$$

が一定不変となる．なお，一般に，任意の 3 数を 2 個ずつ加えると，それらの和は

（Ⅰ）　3 個とも偶数

（Ⅱ）　2 個が奇数で，1 個が偶数

のどちらかとなる．不思議なことに，3 個とも奇数とか，2 個が偶数で 1 個が奇数になることはない．これは，すべての可能な場合を調べればわかる．このため，任意の形の盤でこのゲームを考えるとき，状態が（Ⅰ）であるか（Ⅱ）であるかは五分五分である．ただし，（Ⅱ）の条件が成り立てば必ずピンを 1 個に減らせるというわけではない．すなわち（Ⅱ）はピンを 1 個に減らせるための必要条件であって，（Ⅰ）の条件では，絶対に 1 個に減らせないというだけのことである．

ここで，図 1.27 の中の A，B，C の文字を数えると，どれも 11 個ずつである．このため，最初の配置で A（B か C でも同じ）の文字の格子点を穴に選べば，

$$N_A = 10, \quad N_B = N_C = 11$$

から

$$N_{A+C} = 奇数，\quad N_{A+B} = 奇数，\quad N_{B+C} = 偶数$$

となる．これは，最後にピンが 1 個だけ残るときは，それが A の文字の格子点でなければならないことを主張している．こうして，最初の穴にピンが 1 個だけ残る可能性は，どの格子点を穴にしたときも確実に残されている．まえの節では，これを具体的な手順として与えた．

A，B，C の 3 文字に対する割り当ては，直線上に連続して並ぶどの 3 個の格子点にも A，B，C が現れれば，図 1.27 と違ってもよい．そこで，図 1.27 を左右に裏返した割り当てを図 1.28 のように取り上げてみる．すると，この割り当てに対しても，これまでの議論はそのまま通用する．ただ，こういう図を作っても，何も生まれないような気がするだけである．しかし，ここの問題では，図 1.27 と図 1.28 にはたいへんな相違がある．たとえば，それぞれの図の A の文字の並び方だけに着目すると，図 1.27 は左上がり↘なのに，図 1.28 は右上がり↗である（各図の A の文字をすべて塗ってみよ）．このため，最初の配置で中央の A を穴にしたとき，最後の配置でピンが 1 個だけ残るときの候補となる格子点が変わってくる．しかし，両方の図において，A の文字になっている格子点でないと，最後の配置で残れない．よって，二つの図を組み合わせて考えると，最後の配置で残る候補となる格子点はいっそう絞られてくる．これを見やすくするため，二つの図を一つに重ねて，図 1.29 のように 2 文字ずつかく．ここに，左の文字は図 1.27 の文字，右は図 1.28 の文字とした．これを見ると，たとえば中央の格子点には AA の 2 文字が入っている．このため，最初の配置でこの格子点を穴にすれば，最後の配置でピンが 1 個だけ残るときは，必ず AA

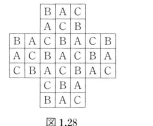

図 1.28   図 1.29

の文字の格子点になる．図 1.27 の方法と比べると，残る候補が大幅に削減されて，格段の進歩である．では，候補をさらに絞れるかというと，これ以上は無理である．このことは，個々の場合を具体的に調べればわかる．たとえば，最初の配置で AA の格子点を穴にした場合を調べると，最後の配置でどの AA の格子点にもピンを 1 個だけ残す手順が存在する．同じことは，他のすべての 2 文字の組み合わせについてもいえる．このため，どの格子点も単なる候補ではなく，実現が可能な候補である．

　これまでの考察で，ペグ・ソリテアの数理はかなり明らかになった．しかし，注意深く考察すると，A，B，C などの文字ではなく，計算の可能な数値で表現することもできる．このような数値および計算を導入すると，ピンを取り去るまえとあとの相互位置がいっそう明確になる．ただし，2 進法による数の世界なので，多少の予備知識が必要になる．このため，節を改めて解説する．

1.6　ペグ・ソリテアの数理(2)

　整数を偶数と奇数に分けると，その足し算は

$$（偶数）＋（偶数）＝（偶数）$$
$$（偶数）＋（奇数）＝（奇数）$$
$$（奇数）＋（偶数）＝（奇数）$$
$$（奇数）＋（奇数）＝（偶数）$$

となる．これは当然であるが，偶数を 0，奇数を 1 に置き換えて，

$$\left.\begin{array}{l} 0+0=0 \\ 0+1=1 \\ 1+0=1 \\ 1+1=0 \end{array}\right\} \tag{1.1}$$

と表すとどうなるか．最初の 3 式はふつうの計算でも成り立つが，最後の式は奇妙である．しかし，ケタ上げを無視した 2 進数の世界では，この式も正確に成り立つ．まず，これを説明する．

　いま，2 進数の世界を考えると，使える数は 0 と 1 の 2 個だけである．このため，ふつうの数と対比させると，自然数は

2進数表示 された数	0	1	10	11	100	101	110	111	1000	……
自然数	0	1	2	3	4	5	6	7	8	……

のようになる．このため，1と1を2進数の世界で加えると，

$$1+1=10$$

となるはずである．ここで，ケタ上げを無視して，右辺の十の位を消すと，

$$1+1=0$$

となる．これが式（1.1）の最後の計算である．

　ケタ上げを無視した足し算は，2ケタや3ケタの数についても考えることができる．式（1.1）の足し算を各ケタごとに独立に行って，たとえば

$$\begin{array}{r}10\\+10\\\hline 00\end{array} \qquad \begin{array}{r}11\\+10\\\hline 01\end{array} \qquad \begin{array}{r}101\\+110\\\hline 011\end{array} \qquad \begin{array}{r}1101\\+1011\\\hline 0110\end{array}$$

とすればよい．もちろん，この計算は3数や4数の足し算でも同じである．

　ここで，図1.27に立ち戻り，A，B，Cのピンの移動（増減）を数値で表すことを考える．すると，これらの文字に2ケタの2進数を割り当てて，たとえば

$$A=11, \qquad B=01, \qquad C=10 \qquad\qquad (1.2)$$

とすれば，ケタ上げを無視した足し算がピンの移動をうまく表現していることに気がつく．A，B，Cの足し算を実際に行うと，

$$A+B=11+01=10=C$$
$$A+C=11+10=01=B$$
$$B+C=01+10=11=A$$

となって，2個のピンを1個のピンに置き換える飛び越し操作と完全に一致する．しかも，00をピンがなくなった配置と解釈すれば，

$$A+B+C=11+01+10=00$$

は，直線上に並ぶ3個のピンをキャタライザーを使って取り去る操作と一致する．この観点から1.3節の定石を見直すと，3個のピンを1組として取り去る定石（定石Aから定石Iまで）はすべて説明がつく．また，最後の定石Jの操作は，

$$A+A=11+11=00$$

$$B + B = 01 + 01 = 00$$
$$C + C = 10 + 10 = 00$$

と解釈できる.

　式（1.2）を図1.29のA，B，Cに代入し，33箇所の格子点を4ケタの2進数に置き換えると，図1.30となる．この図はピンの移動を数の計算で表すものになっており，非常に大切である．たとえば，図1.5の基本規則は，直線上に隣り合う2個のピンを取り去って，その隣りに1個のピンを加えたとも解釈できる．図1.30では，この規則を直線上に隣り合う2数の和（このとき，足し算はケタ上げを無視したもので行う）が，その隣りの数に一致することで表している．また，直線上に並ぶ3個のピンを1組として取り去る定石は，直線上に並ぶ3数の和がいつでも0000となることで表している．こうして，最初の配置でピンをどのような形にさし込んでも，その格子点の数を加えた和は，途中のすべての盤面で一定不変となる．

		1001	1111	0110		
		0111	1010	1101		
0101	1011	1110	0101	1011	1110	0101
1111	0110	1001	1111	0110	1001	1111
1010	1101	0111	1010	1101	0111	1010
		1110	0101	1011		
		1001	1111	0110		

図1.30

　ここで，4ケタの2進数が何個あるかを考えると，どのケタも0か1のどちらかなので，全部で

$$2^4 = 16 \quad (個)$$

ある．このため，33箇所の格子点にピンを任意にさし込んだとき，その和は多くても16種類までである．これを実際に調べると，ピンの位置をいろいろ変えることによって，0000から1111までのどれにでもできることが確かめられる．このことから，ピンを次々に取り去って，もうこれ以上は1個も取れないという状態に到達したとき，違う配置は最低でも16通りはある．これらの状態は，

以下のように基本規則を少しゆるめると，ちょうど16通りの状態に帰着できる．

　いま，盤上のすべてのピンに対し，それがさし込んである格子点の数を加えたものを「ピン和」と呼ぶ．すると，いま説明したように，ピン和は全部で16通りある．これから，盤面の配置をピン和で分類すると，たったの16通りしかない．では，同じピン和になる盤面は，基本規則で互いに移ることができるか．基本規則そのままでは不可能である．しかし，基本規則による飛び越し操作の反転と，ピン・キャタライザーの借用が許されれば，同じピン和になる任意の二つの盤面は，互いに移り合うことができる．ここに，反転とはフィルムを逆回転するようなもので，盤上にピンを加えていく操作である．また，キャタライザーの借用とは，盤上にないピンをキャタライザーとして借用し，使用後は借りた場所で返すものである．この詳しい内容は紙数の関係で割愛するが，たとえば図 1.30 のどれかの格子点にあるピンは，同じ4ケタの数を割り当てた別の格子点に簡単に移すことができる．この操作を具体的に示したのが図 1.31 で，左端の図にある1個のピンから出発する．このピンに飛び越し操作の反転を行うと，中央の図のように，2個のピンに復元する．そこで，さらに基本規則の飛び越し操作を行うと，右端の図のように，また1個のピンに戻る．しかし，ピンの位置は三つ先に移っている．このように，飛び越し操作の反転をうまく使いながら，定石 A〜J の中のピン・キャタライザーを適宜に借用すれば，同じピン和の盤面が互いに移り合えることは容易に想像できる．

図 1.31

　以上の考察で，ペグ・ソリテアの背後に秘められた数理の解説はひとまず終わる．次の章では，ペグ・ソリテアをさらに追求し，それから派生するいくつかの1人ゲームを紹介する．

第2章
ペグ・ソリテアの変形と一般化

2.1　もう一つの古典的なペグ・ソリテア

第1章の冒頭で，ペグ・ソリテアには二つのタイプがあることを述べた．第1章では二つのうちの一つの盤についてだけ詳しく考察したが，本節ではもう一つの盤（図1.2）についても触れておく．

まず，この盤を上から見ると図2.1になる．ここに，37箇所の格子点のうち，ピンをさし込んでいないのは中央の格子点だけである．この配置から出発して，基本規則でピンを次々に取り去ったとき，やはりピンを1個だけ残すことは可能であろうか．その答えは簡単である．図2.2のように，すべての格子点にA，B，Cの文字をかき込んでみる．もちろん，直線上に連続して並ぶどの3個の格子点にもA，B，Cの3個の文字が現れるようにである．すると，第1章で調べたように，それぞれのピンの個数を N_A，N_B，N_C とするとき，

$$N_{A+B} = N_A + N_B$$
$$N_{A+C} = N_A + N_C$$
$$N_{B+C} = N_B + N_C$$

のうちの2個は奇数で，残りの1個は偶数となる必要がある．ところが，実際にピンの個数を数えると，

$$N_A = N_B = N_C = 12$$

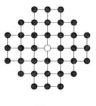

図2.1

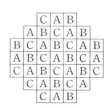

図2.2

となって,

$$N_{A+B} = N_{A+C} = N_{B+C} = 24$$

となる．これはすべて偶数なので，最後の配置で1個だけにすることは不可能
である．しかも，A，B，Cのピンは12個ずつあるので，3個を1組として順
次に取り去ると，最後にA，B，Cのピンが1個ずつ残る．この手順は実際に存
在して，その一例は図2.3のようになる．まず，Aに基本規則を適用し，Bの
内部に定石Jを適用する．こうして，左から中央の配置に移る．次に，Cの内部
に定石I，Dの内部に定石G，Eの内部に定石A，Fの内部に定石J，Gの内部
に定石A，Hの内部に定石Jを順次に適用する．これによって，中央から右の
配置に移る．次に，Iに基本規則を適用したのち，JとKに定石Aを適用し，
最後にLに基本規則を適用すれば，3個のピンが1個おきに残る．この3個の
格子点の文字を図2.2で調べると，確かにA，B，Cが1個ずつある．なお，手
順を変えると，最後の配置でピンが2個だけ残る．このときは，その2個の格
子点の文字は，2個とも同じ文字になる．このことは，これまでの考察から明
らかである．なお，具体的な手順は読者の演習問題に残しておく．

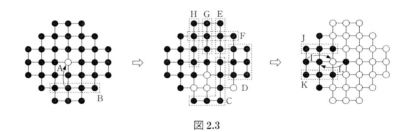

図 2.3

2.2　拡大型のペグ・ソリテア

　以下で調べる最初のペグ・ソリテアは，十字形の4方向を1列ずつ長くした
もので，中央の格子点を除いた44箇所の穴にピンがさし込んである（図2.4）．
このとき，前と同じ規則で順次にピンを取り去って，最後に中央の穴に1個だ
けピンが残れば成功である．前の章の数理によれば，直線上に並んだ3個のピ
ンの2進数の和は00なので，このゲームでも成功の可能性はある．すると，ま
ったく同じことは，十字形の4方向を2列ずつ長くしても，3列ずつ長くして
もいえる．さらに，一般にn列ずつ長くしても同じであるが，具体的な手順は
どうなるか．この4方向にn列ずつ長くした拡大型のペグ・ソリテアに対して，

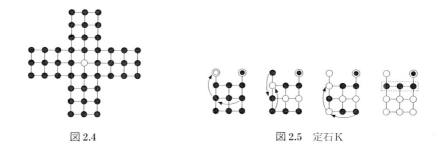

図 2.4　　　　　　　　　　　　図 2.5　定石 K

具体的な手順を求めるのがこの節の目的である．なお，最初の配置で穴を中央
の格子点に限定したのは，他の格子点まで調べると，紙数が無用に多くなるた
めである．

　十字形の 4 方向を 1 列ずつ長くしたときは，図 2.5 の定石 K を追加しておく
と便利である．取り去るピンの配置は定石 C と同じであるが，キャタライザー
の位置が違っている．なお，定石 K の右端では，定石 A を使っている．

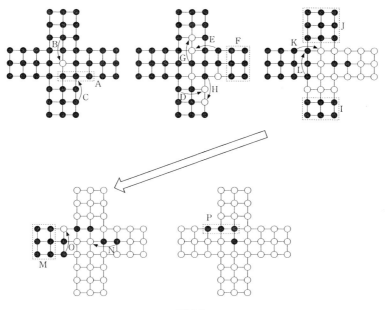

図 2.6

　図2.4の配置に対して，ピンが1個だけ残る手順の一例は図2.6である．まず，Aの内部に定石Aを適用したのち，BとCに基本規則を適用すれば，左上から中央の配置に移る．次に，DとEに基本規則，Fの内部に定石E，GとHに基本規則を適用すれば，中央から右上の配置に移る．次に，Iの内部に定石E，Jの内部に定石K，KとLに基本規則を適用すれば，右上から左下の配置に移る．次に，Mの内部に定石E，NとOに基本規則を適用すれば，左下から右下の配置に移る．最後に，Pの内部に定石Aを適用すれば，中央の格子点に1個だけピンが残る．こうして，十字形の4方向を1列ずつ長くしても，やはり中央の格子点にピンが1個だけ残る手順は存在する．

　では，十字形の4方向を n 列ずつ長くしたときはどうか．これには，2列や3列ずつ長くしたときの手順を求めても，ほとんど役に立たない．一般の n に適用できる普遍的な手順を求める必要がある．この突破口を求めるために，図2.7の定石Lを用意する．これと図1.13を比べれば，定石Lは定石Eの一般化であることがわかる．まず，この手順を説明する．

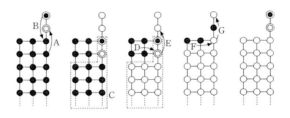

図2.7　定石L

　いま，横に3個ずつ並んだピンが下に向かって m 組伸びているとする．これら $3m$ 個のピンを取り去るのに，ピン・キャタライザーとホール・キャタライザーを1個ずつ使う．左端の配置において，AとBに基本規則を適用すれば，左から2番目の配置となる．ここで，点線の内部を見ると，面白いことに気がつく．横に3個ずつ並んだピンは下に向かって $m-2$ 組伸びている．しかも，そのすぐ上に2個のキャタライザーが都合よく準備されている．このため，もし下に $m-2$ 組伸びている場合がすでに解決されていれば，左から2番目の配置は中央の配置に移る．そこで，DとEに基本規則を適用したのち，さらにFとGに基本規則を適用すれば，右端の配置に移る．これは，ピン・キャタライザーとホール・キャタライザーを1個ずつ使えば，$3m$ 個のピンが盤上から消

えることを示す．

　ここで，定石 E を見ると，m が 2 のときは解決ずみである．このため，m を 2 ずつ増やした偶数のときは，すべて解決されたことになる．未解決なのは，m が奇数のときである．ところが，m が 1 のときは明らかに不可能で，また m が 3 のときも網羅的に調べれば不可能なことがわかる．そこで，m が 5 のときを調べると，図 2.8 の手順が見つかる．これを説明すると，次のようになる．

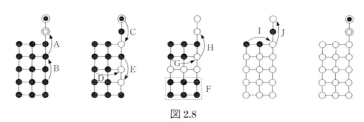

図 2.8

　まず，A と B に基本規則を適用すれば，左端から一つ右の配置に移る．次に，C，D，E の順に基本規則を適用すれば，中央の配置に移る．これを見ると，F の内部に定石 E が適用できる．そこで，さらに G と H に基本規則を適用すれば，右から 2 番目の配置に移る．最後に，I と J に基本規則を適用すれば，キャタライザー以外はすべて盤上から消える．この手順から，m を 2 ずつ増やした 7，9，11，……などの奇数に対しても，定石 L はいつでも成り立つことがわかる．

　こうして，定石 L が適用できないのは，m が 1 と 3 のときだけである．ところが，m が 1 のときの定石は不要である．また，m が 3 のときの定石を必要とするのは，すぐあとの考察から明らかになるように，十字形の方向に 1 列ずつ伸ばした図 2.6 のときである．このときの具体的な手順は，すでに解決ずみである．このため，以下の考察で必要になる定石 L は m が 4 以上のときである．これで，一般の n 列に対する準備は整った．

　以下で調べる拡大型のペグ・ソリテアの最初の配置は，図 2.9 のようである．中央の格子点だけを穴にするもので，十字形の 4 方向には n 列ずつ伸びている．ただし，n を具体的な数として表すのは無理なので，5 列目以降は点線で示してある．この最初の配置から，中央の格子点に 1 個だけピンが残る最後の配置に到達できれば成功である．この具体的な手順は図 2.10 のようである．

　まず，A の内部に定石 A を適用し，B の内部に定石 L を適用する．同じよう

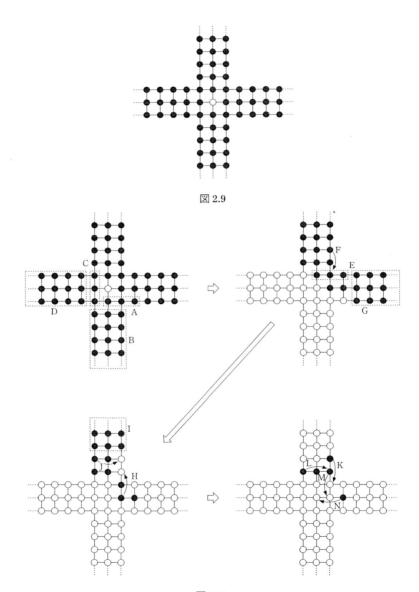

図 2.9

図 2.10

に，C の内部に定石 A を適用し，D の内部に定石 L を適用する．これによって，左上から右上の配置に移る．次に，E の内部に定石 A，F に基本規則を適用したのち，G の内部に定石 L を適用する．ただし，G が右に 3 列だけ伸びているときは，定石 L は適用できない．このときは，さきに G の内部に定石 K を適用し，それから E の内部に定石 A，F に基本規則を適用すればよい．これによって，右上から左下の配置に移る．次に，H に基本規則を適用したのち，I の内部に定石 L を適用し，さらに J に基本規則を適用すれば，左下から右下の配置に移る．ただし，I が上に 3 列だけ伸びているときは，定石 L は適用できない．このときは，I の内部に定石 K を適用すればよい．最後に，K，L，M，N の順に基本規則を適用すれば，中央の格子点に 1 個だけピンが残る．まことに見事な手順である．

　以上の考察で，中央の格子点を穴にしたときの拡大型のペグ・ソリテアの解法は終わる．ただし，これは手順の一例を示しただけで，他にもいろいろの手順がある．とくに，定石 L と同じ思想の別の定石を発見することは，非常に興味ある問題である．また，中央以外の格子点を穴にしたときの拡大型のペグ・ソリテアの解法も面白い問題である．興味ある読者は，これらの問題にぜひ挑戦していただきたい．それらの読者への参考として，どう考えるかの手がかりをごく単純な配置に対して与えておく．

　もっともやさしい拡大型のペグ・ソリテアは，中央部の一隅の格子点を穴にしたときで，図 2.11 の左の配置になる．これに図 2.7 の定石 L が適用できないかと考えると，何とそのままの配置で適用できる．点線で囲んだ A と B の内部がそれで，左から右の配置に直ちに移る．右の配置を見ると，もはや定石 L は

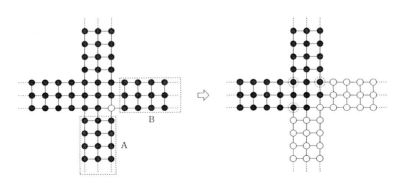

図 2.11

適用できない．そこで，少し手を加えて，定石 L の適用できる配置を作り出す．これには，マル（点線）で囲んだ3個の格子点のうち，どれか1個をホール・キャタライザーとして，その隣りの格子点にピン・キャタライザーがくればよい．これが第1のポイントである．ここで，右の配置を見直すと，中央を通り左上がりの斜めの線に対して対称である．このため，上に伸びた n 列のピンを考えても，左に伸びた n 列を考えても，事態は完全に同じである．このため，ここでは上に伸びた n 列を考えることにする．

　まず，図 2.11 の右の配置を図 2.12 の左の配置にかき直し，C の内部に定石 L を適用することを考える．これには，F_1 か F_2 に基本規則を適用するのが順当である．そのどちらにするかは，ピンが1個だけ残る最後の配置に到達しやすいかどうかで判断する．すると，最後に残る格子点にちょうどピンがあって，しかもそれがピン・キャタライザーとして使われるのが最高である．この観点から F_1 に基本規則を適用すると，左から右の配置に移る．ここに，◉ は最後に残したい格子点のピンで，ピン・キャタライザーとして使うことを意図している．

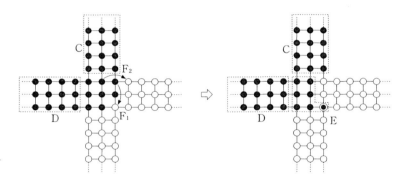

図 2.12

　ここで，E の内部を見ると，定石 D が適用できる配置をしている．このため，C と D がなければ，最後の配置にただちに到達する．しかし，現実には C と D があるので，その対策を講じる必要がある．もっとも簡明な対策は，E の内部に定石を適用している途中の段階で，C と D の内部に定石 L が適用できる配置を作ることである．すると，その配置になったとき，C と D のピンを取り去る寄り道の操作をして，C と D も一挙に解決する．これが第2のポイントである．そこで，E の内部に定石 D を適用したときの途中の配置を調べると，残念なが

図 2.13 定石M

ら定石 L が適用できる配置は一つもない．このため，新しい定石を模索すると，非常に好都合な定石を発見する．それが図 2.13 の定石 M で，1 個のピン・キャタライザーと 3 個のホール・キャタライザーを使っている．ふつうの定石よりもキャタライザーが多いが，特別の目的に使うのでやむを得ない．図 2.12 の E の内部に定石 M を適用すると，左から 2 番目の配置のときに，C の内部に定石 L が適用できる盤面になる．また，中央の配置のときに，D の内部に定石 L が適用できる盤面になる．こうして，定石 M を適用している途中の段階で，C と D の内部のピンはすべて盤上から消える．これで，問題は完全に解決した．

なお，この考え方には，いつでも成功するという保証はなく，好運を期待している面が少なくない．もし，絶対に成功するという保証が欲しければ，最初から最後までの一連の手順を頭の中で読み切るしかない．これも慣れると可能であるが，ふつうの人には容易でない．こうして，この難点を補うために，多少の試行錯誤は覚悟する必要がある．

以上の考え方を参考にして，すでに提案した問題のいくつかにぜひ挑戦してもらいたい．すばらしい手順を読者自身で発見すれば，きっとペグ・ソリテアの熱烈な愛好者になる．

2.3 縮小型のペグ・ソリテア

拡大型のペグ・ソリテアがあれば，当然その反対の縮小型のペグ・ソリテアも考えられる．図 2.14 はそれを示したもので，十字形の 4 方向を 1 列ずつ短くしてある．最初の配置で中央の格子点を穴にしたとき，最後の配置で中央の格子点に 1 個だけピンが残る手順は存在するか．これがここの問題である．

図 2.14   図 2.15

　実際に試してみると，不可能らしいという感触をすぐに抱く．1列ずつ短くしただけで，ピンの飛び越し方が大幅に限定されて，すぐに身動きのとれない状態に陥る．そこで，問題になるのがその証明である．

　これには巧妙な証明法がある．図2.15のように，盤上のピンを格子点の位置によって，▲と■と●の3種類に分ける．まず，▲で示された4個のピンに着目する．これらのピンは，他のピンに飛び越されて盤上から消えるか，▲のさし込んである別の格子点に移るしかない．また，●や■のピンが▲のピンに変身することもない．こうして，▲のピンは飛び越されるたびに一方的に減少し，補充されることは絶対にない．次に，■で示された8個のピンに着目すると，その位置を往復するかぎり，他のピンに絶対に飛び越されない．また，その位置から抜け出すには，▲のピンを飛び越す必要がある．ところが，▲のピンは4個しかない．このため，それを飛び越すことのできる■のピンも最大で4個である．これでは，残りの4個のピンは■のさし込んである別の格子点に移るだけで，その位置から絶対に抜け出せない．このため，中央の格子点に1個だけピンを残すことは不可能である．なお，証明の内容をよく見ると，最初の配置で他の格子点を穴にしても，やはり1個にするのは不可能なことがわかる．縮小型のペグ・ソリテアが市場に現れないのは，ゲームとしての実用性がないためである．なお，拡大型のペグ・ソリテアもなぜか市場に出ていない．

2.4　変形のペグ・ソリテア

　この節で紹介するペグ・ソリテアは，イギリスの数学者コンウェイが考案したもので，予想外の結果になるところが面白い．まず，縦と横に無限に広がった変形のペグ・ソリテアの盤を考える．この盤には横線の仕切りがあって，仕切りの下側ならば，ピンを好きな個数だけ，どこにどのようにさし込んでもよいとする．これが最初の配置で，この配置からピンをうまく動かして，どれかのピンを仕切りの上側になるべく遠くまで離すようにしたい．最初に何個のピンをどのようにさし込めば，仕切りの上側にどこまで離すことができるか．

　問題の内容を理解するため，1段から順次に考えてみる．すると，1段や2段ならば簡単である．1段のときは，図2.16のように，仕切り（点線）のすぐ下側に2個のピンを縦に並べる．これに基本規則を適用すれば，仕切りの上側の1段目に到達する．もちろん，最小の個数である．当然，ピンの本数を3個以上にしても，これ以上仕切りの上側の遠くに離すことはできない．2段のと

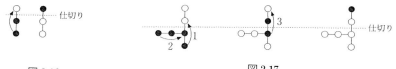

図 2.16   図 2.17

きは，図 2.17 のように，仕切りの下側に 4 個のピンを並べる．これが最小の個数であることは，他のピンがすべて効率よく使われていることから明らかである．

　では，3 段のときはどうなるか．これには，多少の試行錯誤を必要とするが，最終の状態から逆の操作をしてみれば，望みの配置に容易にたどり着く．図 2.18 はその一例で，8 個のピンが使われている．これ以外の配置もあるが，ピ

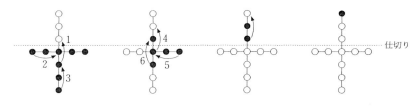

図 2.18

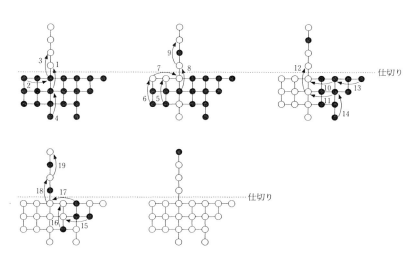

図 2.19

ンを効率よく使ったときは，いつでも 8 個のピンとなる．これが最小の個数であることは，他のピンがすべて効率よく使われていることから，直観的には理解できる．

　では，4 段のときはどうか．最初はかなり難渋するが，碁石などで実際に調べていくうちに，ピンの効率的な飛び越し方の要領がわかってきて，ついに望みの配置を発見する．図 2.19 はその一例で，数字の順にピンを飛び越すと，他のピンがすべて盤上から消えたのちに，1 個のピンがようやく 4 段目に到達する．数えてみると，使われたピンの個数は 20 個である．これが最小の個数であることを証明するのはむずかしいが，直観的な感触からは理解できる．

　これで，1 段から 4 段までの具体的な配置と手順を見つけたが，それに使われたピンの個数を数えると，1 段が 2 個，2 段が 4 個，3 段が 8 個，4 段が 20 個である．その倍率は

　　　　1 段から 2 段へ …… $4 \div 2 = 2$ 倍

　　　　2 段から 3 段へ …… $8 \div 4 = 2$ 倍

　　　　3 段から 4 段へ …… $20 \div 8 = 2.5$ 倍

となっているので，4 段から 5 段へは

　　　　4 段から 5 段へ …… $N \div 20 = 3 \sim 4$ 倍（?）

ぐらいの感じである．これはピンの個数に換算すると，60 個から 80 個ぐらいである．そこで，実際に調べてみると，その配置がなかなか見つからない．80 個どころか，100 個や 200 個に増やしても，うまい配置は見つからない．それも，まったく手が届かないのではなく，いま一歩の惜しいところまではくる．こうして，挑戦を繰り返すことになる．

　じつは，変形のペグ・ソリテアの面白さはここにある．このため，たとえば 10 万円の賞金をかけて，解答を募集するのも一興である．こうすれば，多くの人がきっと挑戦する．しかし，賞金はだれにも取られないので，安心してもらいたい．というのは，意外や意外，何百万個・何千万個のピンを使っても，5 段目に到達するのは絶対に不可能なのである．これは，4 段までの具体的な配置を考えると，常識を裏切る不思議な結果である．では，その証明はどうするか．これがこのペグ・ソリテアのポイントで，以下にそれをわかりやすく解説する．

　第 1 章の図 1.27 と同じように，盤上の格子点に文字や数値を割り当てるので，格子点をそれぞれ正方形に置き換え，マスの中に文字をかき込むようにす

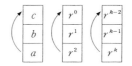

図 2.20

る．まず，問題の捉え方を説明するため，図 2.20 のように，直線上に連続して隣り合う 3 個の格子点を抜き出す．これらの格子点には，左のように，3 個の数値 a，b，c が割り当てられている．また，数値 a と数値 b を割り当てた格子点にはそれぞれピンがあり，数値 c を割り当てた格子点は穴のままである．このため，数値 a のピンが数値 b のピンを飛び越して，数値 c の格子点に移ることができる．このとき，

$$a + b = c$$

の関係が成り立てば，2 個のピンが 1 個に減っても，ピンをさし込んである格子点の数値の和は変わらない．ただし，ピンが数値 c の格子点から数値 a の格子点に逆方向に飛び越すと，この関係はくずれて，

$$c + b > a$$

となる．そこで，飛び越しの方向を明記しておく．これには，格子点に割り当てた数値を比較して，小さいほうを下位の格子点，大きいほうを上位の格子点と呼んで，ふつうのピンは下位の格子点から上位の格子点に飛び移ると解釈しておけばよい．

　いま，a，b，c の数値として，昇べきの等比数列 r^2，r^1，$r^0 (=1)$ をとると，r は

$$r^2 + r^1 = r^0 \tag{2.1}$$

を満たす正数となる．図 2.20 の中央はこれを示したもので，下位の 2 個の格子点にピンがさし込んである．すると，等比数列の性質から，直線上に隣り合う 3 個の格子点に r^k，r^{k-1}，r^{k-2} を割り当てても，同じように

$$r^k + r^{k-1} = r^{k-2}(r^2 + r^1) = r^{k-2} \tag{2.2}$$

が成り立つ．このため，直線上に並ぶすべての格子点に，下位から上位に向かって昇べきの等比数列を

$$\cdots\cdots, \ r^n, \ r^{n-1}, \ r^{n-2}, \ \cdots\cdots, \ r^1, \ r^0$$

のように割り当てることもできる．すると，隣り合う 3 個の格子点をどこから抜き出しても，式 (2.2) の関係がいつでも成り立つ．図 2.20 の右はこれを示

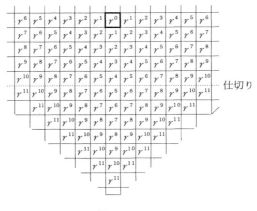

図 2.21

したものである.

　いま,縦と横に無限に広がったすべての格子点に,図2.21のような数値を割り当ててみる.ここに,太枠で囲んだ格子点は,最後の1個のピンが到達したい格子点で,点線(仕切り)から上に向かって5段目にある.この格子点には,数値 r^0 を割り当てる.図2.21の数値の割り当て方の特徴は,縦か横に並ぶ直線をどこから選んでも,そこに並ぶ格子点には,下位から上位に向かって,順番に

$$\ldots\ldots, \quad r^n, \quad r^{n-1}, \quad r^{n-2}, \quad \ldots, \quad r^{n-m+1}, \quad r^{n-m}, \quad \ldots$$

の数値が割り当てられているということである.ここに,n と m は直線をどこにとるかで決まる整数である.このため,ピンが下位の格子点から上位の格子点に飛び移っても,ピンをさし込んである格子点の数値の和は変わらない.また,上位から下位の方向に飛び移ると,数値の和は確実に減少する.これはたいへんな特徴で,最初の配置でどれだけ多くのピンをさし込んでも,それらの格子点に割り当てられた数値の和を求めれば,その数値より大きい数値の割り当てられた格子点には絶対に飛び移れないことを示唆している.

　こうして,太枠の5段目の格子点に飛び移れるかどうかの一つの判断は,太枠の格子点に割り当てられた数値(これは $r^0=1$ である)と,最初にピンをさし込んだすべての格子点の数値の和(これは S で表す)を比べてみればできることがわかった.このとき,

$$S < r^0 \tag{2.3}$$

となれば，5段目に飛び移ることは絶対に不可能である．しかし，逆に

$$S > r^0$$

が成り立っても，太枠の格子点に飛び移れるとはかぎらない．これは可能性を示唆しているだけなので，そのときは実際の手順を模索して，可能かどうかをふたたび判断することになる．

さて，点線から下側の格子点の数値の和を最大にするには，すべての格子点にピンをさし込んでおくことである．これは無限個のピンをさし込むことを意味するので，現実には不可能である．しかし，そのときの数値の和を求めておけば，有限個のピンの場合は，その和より確実に小さくなる．この観点から，点線より下側のすべての格子点の和を求める．まず，太枠の格子点がある中央の縦列を考えると，点線の下側の格子点の数値は r^5 から始まるので，その和は

$$r^5 + r^6 + r^7 + r^8 + \cdots\cdots = r^5(1 + r^1 + r^2 + r^3 + \cdots\cdots)$$

$$= \frac{r^5}{1-r}$$

$$= \frac{r^5}{r^2} = r^3$$

となる．ここに，式（2.1）を変形した

$$r^2 = 1 - r$$

の関係を使った．また，その両隣りの縦列は r^6 から始まるので，まったく同じ計算をすると，

$$r^6 + r^7 + r^8 + r^9 + \cdots\cdots = \frac{r^6}{r^2} = r^4$$

となる．さらに，その外側の両隣りの縦列は r^7 から始まるので，

$$r^7 + r^8 + r^9 + r^{10} + \cdots\cdots = \frac{r^7}{r^2} = r^5$$

となる．こうして，点線から下側の縦に並ぶ格子点の数値の和は，中央から左右に離れるにつれて，r^3, r^4, r^5, r^6, $\cdots\cdots$のように減少する．そこで，これらの和を求めると，r^3 以外は左右に1個ずつあるので，

$$r^3 + 2(r^4 + r^5 + r^6 + \cdots\cdots)$$

$$= (r^3 + r^4 + r^5 + r^6 + \cdots\cdots) + (r^4 + r^5 + r^6 + \cdots\cdots)$$

$$= \frac{r^3}{1-r} + \frac{r^4}{1-r}$$

$$= \frac{r^3}{r^2} + \frac{r^4}{r^2}$$

$$= r + r^2 = 1$$

となる．これは，縦と横に並ぶすべての格子点に無限個のピンをさし込んだと
き，それらの格子点の数値の和がようやく太枠の格子点の数値に一致すること
を示す．こうして，5段目には絶対に飛び移れないことがわかった．何とも見
事な証明である．なお，この証明に納得できない読者は，実際に5段目の格子
点に挑戦してみることである．

第3章
飛び石ゲームとその周辺

3.1 飛び石ゲーム

　白石と黒石が3個ずつ，図3.1の最上段のように，交互に横に並んでいる．この配置から，隣り合ったどれかの碁石を2個選び，そのままの順序で空いた場所に移動する．次に，また隣り合った碁石を2個選び，そのままの順序で空いた場所に移動する．最後に，また隣り合ったどれかの碁石を2個選び，そのままの順序で空いた場所に移動する．すると，3回の移動で，左側に3個の黒石が並び，右側に3個の白石が並ぶ．この図では，移動する2個の碁石に実線のアンダーラインを引き，移動先の空いた場所に点線のアンダーラインを引いた．

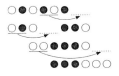

図 3.1

　ここで，2回の移動でも最後の配置が作れるかどうかを考えてみる．すると，最初は白石と黒石が交互に3個ずつ並んでいるので，白石と黒石のどちらに対しても，1回ごとに隣り合う同色の碁石が1組ずつ増える必要がある．図3.1を見ると，黒石はこの条件を満たしている．しかし，白石と黒石の両方に対して，この条件を同時に満たすようにすることは不可能である．このため，3回の移動は不可欠である．3個ずつの碁石が3回の移動で可能というのは，語呂も合っていて面白い．

　では，白石と黒石を4個ずつにした場合はどうであろうか．また，さらに5個ずつや6個ずつにした場合はどうか．このように考えていくと，一般にn個ずつの場合についての興味が生じてこよう．この節では，これらのゲームの必

勝法を考える．

　この１人ゲームは，ふつう「**テイトの飛び石ゲーム**」と呼ばれている．しかし，かなり古くから知られていたらしく，正確な発祥はわからない．テイトの名がついたのは，おそらくテイトがこのゲームを再提案したためと思われる．日本では，テイトが再提案する前の江戸時代の和算書に，「オシドリの遊び」としての紹介がある．隣り合う２個の碁石がいつでも１組になって移動するためで，オシドリの仲のよさを類推した命名である．ただし一般の n 個ずつの配置に対して，それが n 回の移動で可能であることを最初に示したのは，史料によると，1887 年のデラノイの研究が最初である．古典的なゲームであるが，非常に面白いゲームである．まだ知らない読者は，以下を読み進むまえに，ぜひ実際に挑戦していただきたい．きっと，その面白さが理解できるはずである．

　まず，白石と黒石を交互に４個ずつ並べたときから調べる．個数が少ないので，実際の碁石で試行錯誤を重ねてみればよい．まず，３個ずつの手順を参考にすると，どれか２個の碁石を右端の空いた場所に移動することになる．このとき，隣り合う黒が１組できないと，４回の移動では不可能になる．このため，移動する２個の碁石の選び方は３通りに限定される．次に，いま空いた場所に２個の碁石を移動するときは，左端が２個とも白石になる必要がある．こう考えると，調べる場合がほんのわずかにかぎられて，図 3.2 の手順が簡単に見つかる．こうして，４個ずつの碁石は４回の移動でよいことがわかる．なお，実線と点線のアンダーラインは３個ずつのときと同じ使い方である．

　次は，白石と黒石を交互に５個ずつ並べたときを考える．このときも，似たような試行錯誤を重ねれば，５回の移動で十分なことがわかる．しかし，白石と黒石が１個ずつ増えるだけで，調べる場合は急速に増える．しかも，よほど慎重に調べないとうまく成功しても，それまでの手順を忘れてしまう．このため，紙に記録しておくなどして，まえの手順を覚えておくことが大切である．

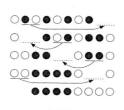

図 3.2

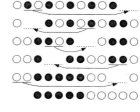

図 3.3

こうして得られた手順が図 3.3 である．図 3.2 と比べると，いくつかの共通点があることに気がつく．まず，最初に移動する 2 個の碁石は，どちらも左から 2 番目と 3 番目の碁石である．次に，2 回目に移動する碁石は，どちらも右から 5 番目と 6 番目の碁石である．また，最終回に移動する 2 個の碁石は，左端の 2 個の白石である．この結果，最初と最後の位置を比べると，全体の配置が 2 個の碁石分だけ右にそっくり動いている．

　この共通点が 6 個ずつや 7 個ずつの碁石の移動を考えるときも利用できないかと考えるのは，ときとして非常に有効である．ただし，3 個ずつのときを振り返ると，最終回の移動が左端の 2 個の白石になること以外は，これらの共通点を備えていない．これは 3 個ずつのときが特殊なのか，これらの共通点が見かけだけのものなのかのどちらかである．こういうときは，3 個ずつが特殊であると期待して，これらの共通点を手がかりに考察する．これに失敗すれば，運がなかったとあきらめればよい．

　さて，次は 6 個ずつの碁石になるが，そのまえに，このような試行錯誤をどこまで続けるのかを考えておく必要がある．この答えを得てからでないと，たとえ 10 個ずつ，20 個ずつのときまで調べても，一般の n 個ずつにはつながらない．結論をさきに述べると，7 個ずつまでで十分である．8 個ずつ以上は，非常に巧妙な方法で一挙に解決する．ここに，飛び石ゲームの見事な数理がある．

　白石と黒石を交互に 6 個ずつ並べたときは，前の共通点に着目して，まず左から 2 番目と 3 番目の碁石を右端の空いた場所に移してみる．すると，次は右から 5 番目と 6 番目の碁石を空いた場所に移すことになる．こうなると，そのあとの手順はわずかに限られて，成功するかどうかは簡単にわかる．その結果，残念ながらすべてが失敗に終わる．そこで，2 回目に移動する碁石を変更することにすると，右からの 7 番目と 8 番目の碁石か，9 番目と 10 番目の碁石かのどちらかである．この両方を網羅的に調べると，9 番目と 10 番目にしたときにうまくいって，6 回で移動を完了する図 3.4 の手順を得る．図 3.3，図 3.4 の両方の手順を比べると，かなりの共通点が保たれている．まず，最初に移動する 2 個の碁石は，どちらも左から 2 番目と 3 番目の碁石である．次に，最終回に移動する 2 個の碁石は，左端の 2 個の白石である．また，最初と最後の位置を比べると，全体の配置が 2 個の碁石分だけ右にそっくり動いている．どうやら，これらは一般の n 個ずつにも共通する性質らしい．

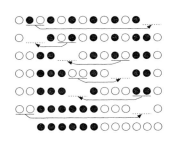

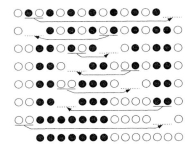

図 3.4   図 3.5

そこで，次に7個ずつのときを調べると，7回で移動を完了する図3.5の手順を見つける．やはり，最初と最後に移動する2個の碁石は，これまでと完全に同じである．また，最初と最後の位置を比べると，全体の配置が2個の碁石分だけ右にそっくり動いている．

次は，一般の n 個ずつの配置について考えよう．ただし，n が7以下のときは個別に調べたので，n は8以上と考える．果たして，n 個ずつの場合も，n 回の移動で完了するような手順があるだろうか？ いま，n が4から7までに共通する配置の変化を図3.6のように表す．ただし，最初と最後の配置だけで，途中の具体的な手順はすべて省略した．この特徴は，点線で囲まれた右端の2個分の空いた場所を利用して，黒石はすべて左側に並べ，白石はすべて右側に並べ直しているところにある．このとき，移動が終わった最後の配置では，2個分の空いた場所は右端から左端に移動している．

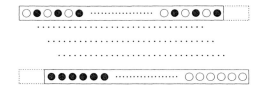

図 3.6

図3.6の移動を一般の n 個ずつの配置に利用するため，図3.6の移動は白石と黒石が $n-4$ 個ずつのときにも成り立つと仮定する．すると，

$$n = 8, \ 9, \ 10, \ 11$$

のときには確かに成り立つ．この仮定を認めると，白石と黒石が n 個ずつのときの移動は図3.7のようになる．この内容は以下のようである．

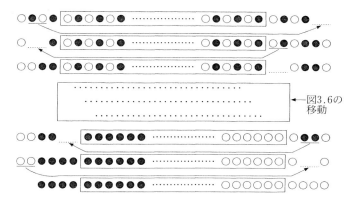

図3.6の
移動

図 3.7

　まず，両端の 4 個ずつの碁石を除いた中央の碁石を黒枠で囲む．この中には，
$n-4$ 個ずつの白石と黒石があるので，黒枠のすぐ右隣りに 2 個分の空いた場所
があれば，図 3.6 の移動が適用できる．この準備として，図 3.7 の最上段の配
置で，左から 2 番目と 3 番目の碁石を右端の空いた場所に移動する．次に，右
から 5 番目と 6 番目の碁石をいま空いた場所に移動する．この結果が 3 段目の
配置で，黒枠のすぐ右隣りにちょうど 2 個分の空いた場所ができる．そこで，
図 3.6 の移動を適用すると，下から 3 段目の配置に移る．このとき，黒枠内の
碁石は 2 個分だけ右にそっくり移動して，左端に 2 個分の空いた場所ができる．
そこで，右から 2 番目と 3 番目の黒石を空いた場所に移動し，最後に左端の 2
個の白石を空いた場所に移動すれば，左側に n 個の黒石が並び，右側に n 個の
白石が並ぶ．ここで，移動の回数を数えると，黒枠の中の移動が $n-4$ 回で，その
前後が 2 回ずつの移動である．このため，合計の移動回数は $2+(n-4)+2=n$
回となる．
　図 3.7 の移動で注目することは，最初の配置と最後の配置の相互位置である．
これまでのすべての場合（3 個ずつは除く）と同じように，移動が終わったあ
との最後の配置では，2 個分の空いた場所が右端から左端に移動している．こ
のため，図 3.6 の手順が $n-4$ 個ずつの碁石に適用できれば，n 個ずつの碁石に
も適用できる．すると，n 個ずつの場合を利用して，図 3.7 の手順がさらに
$n+4$ 個ずつの碁石にも適用できる．これから，図 3.6 の手順が $n+4$ 個ずつの
碁石にも適用できることになり，これを交互に繰り返すと，

$$n-4, \quad n, \quad n+4, \quad n+8, \quad n+12, \quad \cdots\cdots$$

などのすべての配置に適用できることになる．ところが，すでに指摘したように，n が8から11まで（$n-4$ で見ると，4から7まで）のときは，すでに検討ずみである．このため，これらに4ずつを順次に加えたすべての場合に図3.6が適用できる（数学的帰納法の考え）．こうして，$n-4$ が成り立つとした仮定は，実際にも成り立つことがわかる．以上より，n が3以上のときのテイトの飛び石ゲームはちょうど n 回の移動で完了する手順があることがわかった．ところで，$n-1$ 回の移動で完了する手順はないのだろうか？　実は，$n-1$ 回以下の移動では絶対に不可能であることが次のようにして示される．

　○と●が隣り合っている箇所に注目し，その個数を N とする．ただし，空所は無視するものとする．

　最初の状態のとき，$N=2n-1$ であり，操作を完了した最後の状態のとき，$N=1$ である．したがって，N は $2n-2$ だけ減少しなければならない．

　碁石を移動する操作を，碁石を除去する操作と空所に挿入する操作に分けて考える．すると，

　（a）　碁石を除去するとき，N は高々2しか減少しない．その理由は，N が減少する可能性がある箇所は，

　　（1）　動かす2個の左隣り，

　　（2）　動かす2個の右隣り

の2箇所である（図3.8）．よって，碁石を除去するとき，N は3減少することはなく，高々2しか減少しない．

図3.8

　また，明らかに，

　（b）　碁石を挿入することによって，N は非減少である．最初の一手において，碁石の除去によって N は2減少し，挿入によって必ず N は1増加する（なぜなら，挿入できる場所が両端に限定されているから）．

　以上より，$n-1$ 回の移動では，N は最大で

$$1+2(n-2)=2n-3$$

しか減少することができず，どのような手順を踏んでも $n-1$ 回の移動では完了しえない．

　よって，テイトの飛び石ゲームで n 個ずつの場合の最小回数は n 回であり，本節で紹介した構成法によって得られる手順が最良であることがわかる．

3.2 3個組の飛び石ゲーム

　テイトの飛び石ゲームでは，隣り合う2個ずつの碁石を同時に空いた場所に移動した．すると，その拡張として，隣り合う3個ずつの碁石や4個ずつの碁石を同時に移動させるゲーム，さらには k 個ずつの碁石を同時に移動させるゲームも考えられる．これらをすべて調べると，かなりの内容と紙数が必要になるので，本節では隣り合う3個ずつの碁石を同時に移動させる場合だけを考える．結論を先に述べると，最初の配置で交互に並べる白石と黒石が奇数個ずつのときと偶数個ずつのときで，移動回数が変わってくる．このため，まず奇数個ずつの場合を考える．

　隣り合う3個ずつの碁石を同時に移動させるとなると，問題はかなりむずかしくなりそうな感触を抱くであろう．しかし，実際に調べると，思ったほどのことはない．まず，白石と黒石を交互に3個ずつ並べたときは，すべての場合を網羅的に調べると，3回の移動で完成することがわかる．図3.9はその手順を示したもので，これをよく見ると，最初の位置からまったく動いていない碁石が1個だけある．最上部の（↓）はこれを示したもので，右端の空いた場所まで含めると，ちょうど中央の位置にある白石である．また，移動の方向を見ると，1回目は左から右へ，2回目は右から左へ，3回目は左から右へとなって，移動の方向が交互に変わっている．これらの特徴は，5個ずつや7個ずつを交互に並べた場合の解法に大きな手がかりを与える可能性をもつ．前の節でも述べたように，こういう特徴を見つけることは大切である．

　次に，白石と黒石を交互に5個ずつ並べる場合を考える．このときも網羅的に調べると，5回の移動で完成する．図3.10はその手順を示したもので，やはり最初の位置からまったく動いていない碁石が1個だけある．数えてみると，

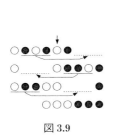

図 3.9

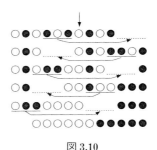

図 3.10

右端の空いた場所も含めて中央の位置になる．また，移動の方向を見ると，1回目は左から右へ，2回目は右から左へ，3回目は左から右へとなって，そのあとも移動の方向が交互に変わっている．さらに，最後の移動では，左端の○●●の3個の碁石が，中央の矢印（↓）の白石のすぐ右隣りに移っている．どうやら，これらの特徴は一般の n 個ずつの場合にも成り立ちそうである．

　次に，白石と黒石を交互に7個ずつ並べたときを考える．すでにいくつかの特徴を見つけてあるので，それが成り立つと想定すれば，網羅的な調査は不要である．そこで，これを期待しながら手順を模索すると，7回の移動で望みの配置にたどり着く手順を見つける．図3.11はそれを示したもので，これまでの特徴をすべて備えている．これから，一般の n 個ずつのときも，これらの特徴を備えていることがほぼ確実と考えられる．ただし，図3.6の手順を図3.7の手順に巧妙に取り入れたように，似た考え方を取り入れないと，一般の n 個ずつの解法にはつながらない．そこで，図3.6に対応して，最初と最後とその直前の三つの配置を図3.12のようにまとめておく．これは図3.9から図3.11ま

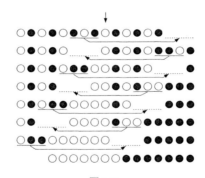

図 3.11

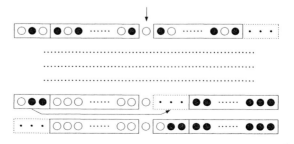

図 3.12

での手順に共通する特徴の一部をわかりやすい形に抜き出したもので，その内容は次のようになる．

　最上段は最初の配置で，右端に空いた場所があることを示すために，小さな3個の黒点を打ってある．また，矢印（↓）のある白石は，最初から最後まで動かない白石で，空いた場所まで含めると，ちょうど中央の位置になる．最下段は最後の配置で，空いた場所が右端から左端に移動している．その上の段は直前の配置で，左端の○●●が中央の白石の右隣りに移動すると完成する．白石と黒石が3個ずつ，5個ずつ，7個ずつのときは，すべてこの配置になっている．

　いま，白石と黒石が交互に $2k+1$ 個ずつ並んだ一般の配置を考えるため，それより白石と黒石が2個ずつ少ない $2k-1$ 個ずつのときは，図3.12の手順が成り立つと仮定する．ここに，合計の移動回数は $2k-1$ 回とする．すると，これまでの考察から

$$k=2,\ 3,\ 4$$

のときは確実に成り立つ．この仮定を認めると，$2k+1$ 個ずつの配置のときは，図3.13の手順で完成する．この説明は次のようである．

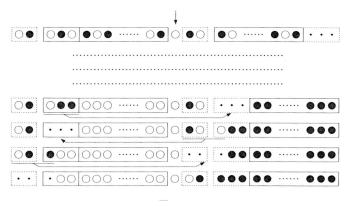

図3.13

　まず，最上段は最初の配置で，矢印のある白石はちょうど中央の位置になる．ただし，これまで通り，右端の空いた場所も含めての計算である．これと図3.12の最上段を比べると，点線で囲んだ2箇所の部分だけ増えている．1箇所は左端の白石と黒石，もう1箇所は中央のすぐ右隣りの白石と黒石である．じつは，この2箇所を $2k-1$ 個ずつから $2k+1$ 個ずつに増えた部分と解釈する．する

と，中央の白石は最初から最後までまったく動かないので，点線で囲んだ2箇所もそのままの状態にしながら，図3.12の手順を残りの部分に適用することができる．この結果が下から4段目の配置で，それまでの移動回数は $2k-2$ 回である．というのは，$2k-1$ 個ずつの碁石ならば，あと1回の移動で完成するからである．このことから，あと3回の移動で望みの配置にすればよい．図3.13の下から4段目以降はこの具体的な移動の手順を示すもので，非常に巧妙に考えられている．それを見ると，わずか3回の移動で望みの配置になっているため，合計の移動回数は $2k+1$ 回ですむ．

　ここで注意することは，$2k-1$ 個ずつのときに動かない白石は中央にあるため，$2k+1$ 個ずつのときに動かない白石もやはり中央にくることである．また，最後の移動は左端の○●●の3個なので，図3.12に与えた手順と完全に一致している．このため，図3.12の手順が $2k-1$ 個ずつの白石と黒石に適用できれば，同じ手順は $2k+1$ 個ずつの白石と黒石にも適用できる．ところが，k が2から4まで（$2k-1$ で計算すると3から7まで）は成り立つことがわかっている．このため，帰納法の論理によって，すべての奇数についても成り立つことになる．こうして，白石と黒石が $2k+1$ 個ずつ交互に並んでいるときは，隣り合う3個ずつを同時に移動させても，やはり $2k+1$ 回の移動で黒石と白石をそれぞれ同じ側に集めることができる．まことに明解な手順と考え方である．ただし，白石は左側，黒石は右側となって，2個ずつ移動するときと左右が逆転する．このことは，次の偶数個ずつのときも同じである．

　次に，白石と黒石が偶数個ずつ交互に並んでいるときに移る．まず，2個ずつでは，明らかに不可能である．そこで，4個ずつのときを調べると，4回の移動で完成する図3.14の手順を発見する．しかし，白石と黒石が6個ずつのときを調べると，6回の移動では不可能で，どうしても7回となる．図3.15は7回の移動による具体的な手順を示したもので，ここでは無駄な移動が含まれている．6段目から7段目に移るところを見ると，3個の白石をそのままの形で左にずらしている．次に，白石と黒石が8個ずつの場合について試行錯誤で調べると，やはり8回の移動では不可能で，どうしても9回となる．この場合も，3個の白石をそのままの形でずらす無駄な操作が含まれている．どうやら，白石と黒石を偶数個ずつ（4個ずつを除く）にしたときは，この無駄な操作は不可避のようである．

　ここで，図3.15から類推される特徴を探してみる．すると，最後の3回の移

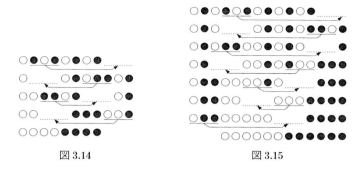

図 3.14　　　　　　　　　　　　　図 3.15

動に入るまでは，中央の 3 個の碁石〇●〇は最初から同じ位置のままである．そして，その直後の（最後から 2 回目の）移動で 3 個の白石を左にずらす操作がある．また，最後の移動は左端の 3 個の碁石〇●●を中央のすぐ右隣りに移すものである．これを図 3.16 のように表し，同じ手順が一般の $2k-2$ 個ずつの配置でも成り立つと仮定する．これを簡単に補足すると，次のようになる．最上段は最初の配置で，矢印（↓）をつけた中央の 3 個の碁石〇●〇は，最後から 3 回目の移動に入るまでは動かない碁石である．また，右端の小さな 3 個の黒点・・・は，そこが空いた場所であることを示す．下から 4 段目の配置は，$2k-4$ 回目の移動が終わった直後の状態で，あと 3 回の移動で望みの配置になる．中央の 3 個の中の左の 2 個は，ここでようやく別の位置に移動する．そのあとは図 3.15 とまったく同じ移動である．なお，合計の移動回数は $2k-1$ 回となる．

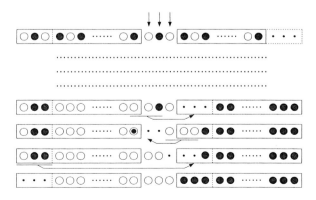

図 3.16

　図 3.16 の手順が $2k-2$ 個ずつの配置で成り立つと仮定すると，一般の $2k$ 個ずつの手順は図 3.17 のようになる．これと図 3.16 と比べると，点線で囲んだ 2 箇所の部分が増えている．1 箇所は左端の白石と黒石，もう 1 箇所は中央の 3 個の碁石のすぐ右隣りの黒石と白石である．ここで注意することは，左端は白石の右が黒石（○●）なのに，中央は黒石の右が白石（●○）となっていることである．この 2 箇所を $2k-2$ 個ずつから $2k$ 個ずつに増えた部分と解釈する．すると，中央の 3 個の碁石は $2k-4$ 回目の移動までは，最初の位置のままである．これが下から 6 段目の配置で，その段と次の段の移動を挿入すると，下から 4 段目の配置に移る．これと図 3.16 の下から 4 段目の配置を比べると，白石と黒石が 2 個ずつ増えているだけで，あとはまったく同じ配置であることに気がつく．こうして，$2k-2$ 個ずつの移動が可能ならば，$2k$ 個ずつの移動も可能になる．ところが，4 個ずつと 6 個ずつの移動は可能であった．しかも，図 3.16 と図 3.17 の下から 4 段目以降の手順は完全に同じであるから，$2k-2$ 個ずつの移動が図 3.16 の手順にしたがえば，$2k$ 個ずつの移動もやはり図 3.17 の手順にしたがう．このため，帰納法の論理によって，すべての $2k$ 個ずつに対する手順が求められたことになる．ただし，k が 1 のときは特殊の場合として除く．

　なお，図 3.17 の下から 3 段目の移動を見ると，3 個の白石をただ左にずらす

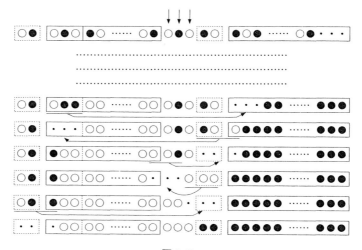

図 3.17

だけの（無駄と思われる）移動である．これが含まれているため，$2k$個ずつの配置に対しても$2k+1$回の移動が必要となっている．これが奇数個ずつと偶数個ずつの大きな相違点である．

　以上の考察で，隣り合う3個ずつの碁石を1組とする飛び石ゲームは完全に解決した．これを見ると，一般の$2k+1$個ずつや$2k$個ずつの手順を求めるときは，隣り合う2個ずつを1組とする飛び石ゲームの解法で利用した方法がそのまま取り入れられている．そこに使われていた方法は，まさしく数学的帰納法の論理である．この考え方に共感を覚える読者は，隣り合う4個ずつや5個ずつの碁石を1組として移動する飛び石ゲーム，さらには一般のs個ずつを1組として移動する飛び石ゲームに挑戦していただきたい．かなり煩雑になるが，それらの1人ゲームの必勝法を発見したときは，数学的な考え方の重要性を再認識し，自分自身で解法を見つけた喜びをきっと味わうはずである．

3.3　蛙跳びゲーム

　飛び石ゲームと同じ種類の1人ゲームに蛙跳びゲームがある．一見，単純なゲームであるが，「サンショウは小粒でピリリと辛い」のたとえのように，嘗めてかかると大怪我をする．非常に楽しいゲームなので，その醍醐味を味わっていただきたい．

　図3.18の上段のように，横に並んだ7個のマスに，3個ずつの白石と黒石が向かい合う形で並んでいる．ただし，中央のマスは空白である．これを次の規則で動かして，白石と黒石の位置を下段のように入れ替えられれば成功である．その規則とは，

（1）　白石は右に進み，黒石は左に進む．ただし，いったん進んだ石は後戻りできない．

（2）　白石の右隣りのマスが空いていれば，その白石は空いたマスに進むことができる．また，黒石の左隣りのマスが空いていれば，その黒石は空いたマスに進むことができる．

（3）　白石の右隣りが黒石でも，その黒石の右隣りのマスが空いていれば，

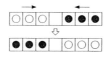

図 3.18

その白石は空いたマスに跳び移ることができる．また，黒石の左隣りが白石でも，その白石の左隣りのマスが空いていれば，その黒石は空いたマスに跳び移ることができる．

（4）　動かせるのは（2）か（3）の条件を満たす石だけで，違う色の石を2個や3個，まとめて跳び越すことはできない．また，同色の石を跳び越すこともできない．

これだけの規則なので，すぐにでもできそうな感じがする．しかし，実際に挑戦すると，1回では絶対に成功しない．下手をすると迷路に入り込んで，不可能なゲームではないかと錯覚する．そういう読者は，白石と黒石を2個ずつにしたゲームから挑戦するとよい．

まず，白石と黒石が2個ずつのときの具体的な手順を示すと，図3.19のようになる．ここに，紙数の節約のために，白石はW，黒石はBで表し，7個のマスは省略した．また，空いたマスは小さな黒点で表した．白石を先に動かしたときは，これがただ一つの手順である．もう一つの手順として考えられるのは黒石を先に動かしたときで，WとBの役割を交換すればよい．これを見ると，入れ替えの途中の段階では，WとBがいつでも交互に並んでいる．これが手順を成功させるための秘訣で，これを守らないと確実に失敗する．なお，入れ替えに要した回数を数えると，総数が8回，隣りのマスへの移動が4回，違う色の石を跳び越えるのが4回である．回数については，一般のn個ずつの蛙跳びゲームで調べる．

次は，白石と黒石を3個ずつにした場合について考えよう．この場合が標準の蛙跳びゲームである．図3.19の手順を参考にすれば，このときの手順も容易に得られる．2個ずつのときと同じように，入れ替えの途中の段階では，WとBがいつも交互に並ぶように注意すればよい．具体的な手順を示すと，図3.20のようになる．すぐあとの考察から明らかになるように，この手順には一般の

開始前：WW・BB　　　5回目：・・BWBW

1回目：W・WBB　　　6回目：B・WBW

2回目：WBW・B　　　7回目：BBW・W

3回目：WBWB・　　　8回目：BB・WW

4回目：WB・BW

図3.19

```
開始前：WWW・BBB        8回目：BWBW・WB

1回目：WW・WBBB        9回目：BWBWBW・

2回目：WWBW・BB        10回目：BWBWB・W

3回目：WWBWB・B        11回目：BWB・BWW

4回目：WWB・BWB        12回目：B・BWBWW

5回目：W・BWBWB        13回目：BB・WBWW

6回目：・WBWBWB        14回目：BBBW・WW

7回目：BW・WBWB        15回目：BBB・WWW
```

図 3.20

n 個ずつにも適用できる手順が含まれている．なお，入れ替えに要した回数を数えると，総数が 15 回，隣りのマスへの移動が 6 回，違う色の石を跳び越えるのが 9 回である．

次に，一般の n 個ずつの蛙跳びゲームを調べる．2 個ずつと 3 個ずつの手順から明らかなように，入れ替えの途中の段階では，W と B を交互に並ばせることが不可欠である．こうするには，次の手順で石を移動させればよい．ただし，1 回目は W と B のどちらを移動させても本質的には同じなので，W を中央の空いたマスに移動させる場合について考える．以下では，図 3.20 を参照しながら，一般の手順を模索する．

1 回目は W を中央の空いたマスに移動させたとして，2 回目も W を空いたマスに移動させると，3 回目は 2 個の W を B が跳び越さなければならない羽目になり，その段階で手詰まりとなる．こうして，2 回目は B が W を跳び越えて，空いたマスに移動することになる．ここで，この内容をよく考えると，この移動は 1 回目と 2 回目に限ったことではないことに気がつく．移動のどの段階でも，白石か黒石を隣の空いたマスに移動させたときは，同じ色の石を空いたマスにさらに移動させると，そこで確実に手詰まりの状態になる．これを移動のルールとして，次のようにまとめておく．

（Ⅰ） どれかの石を隣の空いたマスに移動させた直後は，それと違う色の石をいま空いたマスに跳び移らせる．ただし，W が右端のマスに移動したときと，B が左端のマスに移動したときは例外である．

次に，2回目にBがWを跳び越えたあとを考える．このとき，もし3回目にWが空いたマスに移動すると，（Ⅰ）のルールから，4回目はBがいま空いたマスに跳び移ることになる．しかし，これでは5回目で手詰まりの状態になる．こうして，2回目にBがWを跳び越えたあとは，いま空いた場所に続けてBが移動することになる．すると，この移動も2回目と3回目に限らないので，次のルールが得られる．

（Ⅱ）　違う色の石を跳び越えて移動させたときは，それと同じ色の石をいま空いたマスに続けて移動させる．ただし，後続の石がないときは例外とする．なお，この移動は隣りのマスへの移動でも，飛び越える移動でもよい．

（Ⅰ）と（Ⅱ）のルールに従えば，n個ずつのときも確実に成功する．ただし，どちらのルールにも例外があるので，多少の注意は必要である．これらの例外は，ルールに従うことができない状態に達したときで，白石と黒石の進む方向から，石の動かし方は1通りに決まる．

次に，一般のn個ずつのときの移動回数を調べる．いま，白石だけがn個で，黒石が1個もないときを想定すると，どの白石も右隣りに1マスずつ移動するしかない．すると，それぞれの石は$n+1$回ずつの移動が必要なので，合計では$n(n+1)$回の移動となる．同じことは黒石についてもいえるので，全体では$2n(n+1)$回の移動となる．ところが，実際は白石と黒石が向かい合っているので，違う色の石を跳び越えることもある．すると，1回の移動で2マスずつ進むので，合計の移動回数は少なくなる．この跳び越えの回数は何回になるだろうか．

白石と黒石はn個ずつあるので，どの白石もn個の黒石と入れ替わる．このことから，どちらの石が跳び越えるかを問題にしなければ（すなわち，黒石が白石を跳び越えるのも，白石が黒石を跳び越したとみなすことにすれば），どの白石もn回の跳び越えを経験する．これはすべての白石についていえるので，合計ではn^2回の跳び越えとなる．すると，跳び越え1回につき2マスずつ進むので，合計では跳び越えによって$2n^2$個のマスを進むことになる．ところが，1マスずつ進むとすれば，全体で$2n(n+1)$回の移動をしていることから，跳び越えでなく隣りのマスに進む回数は

$$2n(n+1) - 2n^2 = 2n \text{ 回}$$

となる．

これらのことから，違う色の石を跳び越える回数（M とする）は

$$M = n^2,$$

隣りに移動する回数（K とする）は

$$K = 2n$$

となり，合計の移動回数（N とする）は

$$N = n^2 + 2n$$

となる．なお，これらの回数を具体的に調べると，図 3.19 では

$$M = 2^2 = 4$$
$$K = 2 \times 2 = 4$$
$$N = 2^2 + 2 \times 2 = 8$$

となり，図 3.20 では

$$M = 3^2 = 9$$
$$N = 2 \times 3 = 6$$
$$N = 3^2 + 2 \times 3 = 15$$

となって，確かに実際の回数と一致する．

3.4 平面上の蛙跳びゲーム

前の節の蛙跳びゲームは，白石と黒石を横 1 列に並べたものなので，直線上のゲームといえる．すると，当然のことながら，平面上や空間内に拡張した蛙跳びゲームも考えられる．以下では，平面上の蛙跳びゲームを考えるが，空間内に拡張したゲームもおそらく同じ内容になる．

まず，標準のゲームを示すと，図 3.21 のようになる．このゲームの石の跳び越し方は，直線上のゲームとほとんど同じで，違う色の石を 1 個だけ跳び越すことができる．ただし，跳び越す方向は横か縦で，斜めの方向には跳び越せない．また，平面上のゲームなので，移動はどちらの石も 2 方向になる．白石は右か下の方向にだけ進み，左や上には進めない．また，黒石は左か上の方向にだけ進み，右や下には進めない．もちろん，後戻りは許されない．最終の配置は白石と黒石の位置を逆転させたもので，移動の回数は問題にしない．

図 3.21

　こういうと，直線上のゲームのように，移動の回数は決まるのではないかと思う読者がいるかもしれない．しかし，平面上のゲームになると，移動の仕方によって，違う色の石を跳び越す回数が変わってくる．この点でも，直線上と平面上のゲームでは大きな差がある．

　具体的に調べると，成功に導く手順はいろいろある．しかし，どれも非常に煩雑で，一筋縄ではいかない．また，数学的な扱いが困難で，試行錯誤に頼るしかない．このため，いろいろな研究が報告されている．その中で，もっとも見事な手順を与えたのは，イギリスが生んだ世界最大のパズル研究家デュードニーである．以下に，その手順を紹介するが，そのまえに，ぜひ読者自身で挑戦してみていただきたい．そうでないと，どのくらい難解なゲームなのかの感触がつかめないであろう．

　記述を簡単にするために，マスの位置を図3.22のようにアルファベットで表す．ここに，小文字は最初に白石を並べるマス，大文字は黒石を並べるマスを示す．また，小さな黒点は空白のマスを示す．すると，デュードニーが与えた手順は次のようになる．ここに，マスの位置を示すアルファベットは，各時点でその位置にある石が移動したことを示す．これだけの記法でも，そのマスから移動する方向は1通りに決まるので，具体的な手順は1通りに決まる．ただし，目で追うだけでは無理なので，この形の盤を実際に作って，石を指示通りに移動させてみる必要がある．

　（最初の23回目まで）

$$H \to h \to g \to \cdot \to F \to f \to c \to \cdot \to C \to B \to H \to$$
$$\to h \to \cdot \to G \to D \to F \to f \to e \to h \to b \to a \to g \to \cdot \to$$

　（24回目から最後まで）

$$\to G \to A \to B \to H \to E \to F \to f \to d \to g \to \cdot \to H \to$$
$$\to h \to b \to c \to \cdot \to C \to F \to f \to \cdot \to G \to H \to h \to \cdot$$

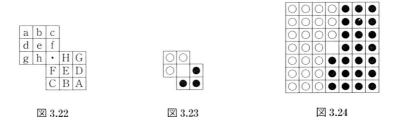

図 3.22　　　　　　　　図 3.23　　　　　　　　図 3.24

　この手順の特徴は二つある．第1は，最初の22回の移動と最後の22回の移動を比べると，後者の小文字と大文字を入れ替えたとき，完全に逆順になっていることである．第2は，最初の23回の移動を実行してみると，上下左右に対称的に移動していることである．どちらも非常に見事な特徴である．

　蛙跳びゲームを終わるにあたって，注意しておきたいことが二つある．第1は，なぜ図3.21よりも石の個数が少ない場合である図3.23の配置を考えなかったかということである．この理由は単純で，具体的な手順が存在しないからである．このことは，試してみれば確認できる．この点でも，直線上と平面上のゲームでは大きな差がある．

　第2は，平面上のゲームを考えるとき，なぜ盤を正方形にしなかったかということである．図3.24の配置でもよさそうであるが，これでは面白さがまったくない．その理由は少し考えればわかる．正方形の盤にしたときは，まず中央の横の列について，直線上の蛙跳びの手順で左右の白石と黒石を入れ替えていく．すると，その途中の段階で，中央のどの横のマスも空くことがある．このことは，図3.20を見れば確認できる．その瞬間を利用して，そこの縦列の上下の白石と黒石を入れ替える横道の操作を適宜加えれば，中央の横の1列の入れ替えが終わるまでに，どの縦列の入れ替えも完了している．こうして，図3.24の配置では，図3.20の手順を利用しただけの単純なゲームとなってしまうのである．このために，正方形の盤ではなく，図3.21の配置に変えたのである．

3.5　マッチ棒の飛び越しゲーム

　飛び石ゲームや蛙跳びゲームと同じ種類のゲームに，マッチ棒の飛び越しゲームがある．これも非常に面白いゲームで，だれにも手軽に楽しめる．まずは，標準のゲームから紹介する．図3.25のように，10本のマッチ棒が横に並んでいる．これらを次の規則にしたがって，2本ずつに重ねた5組のマッチ棒にできれば成功である．その規則とは，どのマッチ棒でもよいから，右または左に2本のマッチ棒を飛び越して，3本目のマッチ棒に重ねるというものである．た

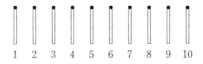

図 3.25

だし，重ねられた2本のマッチ棒を飛び越すときは，それを2本として数える．また，いったん重ねられたマッチ棒は，二度と離さないものとする．

　このゲームは，わずか10本のマッチ棒なので，いろいろ試してみれば，まもなく成功の手順が発見できるだろう．ただし，最初にどのマッチ棒を動かすかで，下手をすると迷路に入り込む．図3.26は具体的な手順を示すもので，飛び越したマッチ棒を点線で示してある．最終の配置を見ると，2本ずつのマッチ棒がきれいに等間隔に並んでいる．ただし，等間隔でなくてもよければ，これ以外の手順もある．また，以下で調べるように，一般の$2n$本のマッチ棒では，等間隔にすることは不可能である．このため，等間隔に並べなくてもよいとする．

　一般の$2n$本のマッチ棒の場合について考えるため，2本，4本，6本，……とマッチ棒を2本ずつ増やしながら考えてみよう．すると，2本と4本が不可能なことは明らかである．また，6本にしたときも，少し調べてみると不可能なことがわかる．こうして，最小の本数は8本となる．マッチ棒が8本のときは，図3.27のようにすればよい．ただし，2本ずつに重ねられた4組のマッチ棒は等間隔にならない．10本のマッチ棒を標準のゲームとするのは，等間隔になるという美しさも加わるためであろう．これで8本と10本のときが解決した

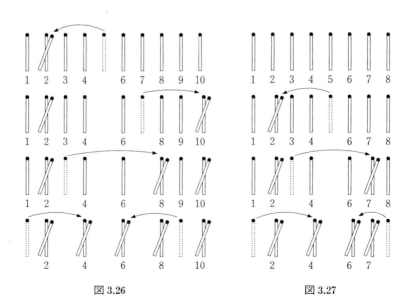

図3.26　　　　　　　　　　　　　　　図3.27

ので，次は 12 本の順になる．しかし，じつは一般の $2n$ 本の場合が簡単に解けてしまう．

いま，マッチ棒は 10 本以上あるとして，図 3.28 の上段のように，右端のマッチ棒に右から 4 番目のマッチ棒を重ねる．そして，残りがまだ 10 本以上あれば，下段のように，右から 2 番目のマッチ棒に右から 6 番目のマッチ棒を重ねる．こうして，2 本ずつに重ねたマッチ棒の組を右から順次に作っていけば，$n-4$ 組作ったところで，1 本ずつのマッチ棒が左端に 8 本残る．この 8 本に関しては，図 3.27 のようにして 2 本ずつに重ねた 4 組を作ることができるので，全体では 2 本ずつの n 組が作られる．これで，$2n$ 本のマッチ棒を 2 本ずつに重ねるゲームの必勝法は終わる．

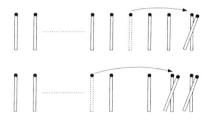

図 3.28

このゲームの一般化としては，3 本のマッチ棒を飛び越して，3 本ずつに重ねるゲームが考えられる．以下では，このゲームを 3 本飛びの 3 本重ねと呼ぶ．このゲームにも成功の手順があるかどうかを調べるため，マッチ棒が少ない場合を試してみると，3 本と 6 本が不可能なことはすぐわかる．また，9 本が不可能なことも，少し調べれば明らかになる．こうして，ゲームとして成り立つ最小のマッチ棒の候補は 12 本となる．

12 本のマッチ棒に対しては，3 本飛びの 3 本重ねの手順が存在する．図 3.29 がその手順で，左右の両端近くに 3 本重ねの 4 組ができる．この手順が見つかると，マッチ棒を 3 本ずつ増やした 15 本，18 本，21 本，……にも同じように成功の手順が存在する．それは，図 3.28 で使った方法と同じもので，次のようになる．

いま，一般に $3n$ 本のマッチ棒があり，これが 15 本以上であったとする．このときは，まず右端のマッチ棒に右から 5 番目と 6 番目のマッチ棒を重ねて，右端のマッチ棒を 3 本重ねとする．そして，残りがまだ 15 本以上あれば，右から 2 番目のマッチ棒も同じ操作で 3 本重ねとする．こうして，3 本重ねのマッ

チ棒を右から順次に作っていけば，$n-4$ 組作ったところで，1本ずつのマッチ棒が左端に 12 本残る．これら 12 本に関しては，3本重ねの4組を図 3.29 の手順で作ることができるので，全体では 3 本重ねの n 組が作られる．3本飛びの3本重ねの手順はこれで終わる．

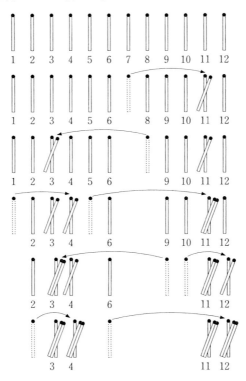

図 3.29

2本飛びの2本重ね，3本飛びの3本重ねがあると，次は4本飛びの4本重ね，さらには一般の k 本飛びの k 本重ねが考えられる．ところが，これまでの手順を参考にすると，この手順も簡単に得られる．図 3.30 はそれを示したもので，その内容は以下のようである．

まず，マッチ棒が k 本，$2k$ 本，$3k$ 本のときは，これまでと同じように，少し調べれば成功の手順は存在しないことがわかる．そこで，マッチは $4k$ 本以上とする．このときは，まず左から2番目のマッチ棒に $k-1$ 本のマッチ棒を重ねて，k 本重ねの1組を作る．これには，図 3.30 の最上段のように，左から

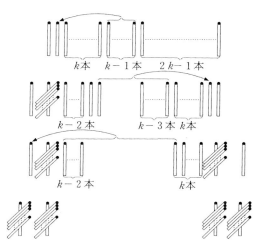

図 3.30

$k+3$ 番目のマッチ棒を最初に重ね，次は $k+4$ 番目，その次は $k+5$ 番目という
ように，左から順に $2k+1$ 番目のマッチ棒までを重ねればよい．

　これが終わったら，まったく同じ手順で右から 2 番目のマッチ棒も k 本重ね
にする．これで k 本重ねのマッチ棒が左から 2 番目と右から 2 番目に 1 組ずつ
できる．この間には，合計で $2k-2$ 本のマッチ棒が残るので，半分ずつの $k-1$
本を左端と右端に重ねていけばよい．これで，k 本重ねの 4 組ができる．

　$4k$ 本のマッチ棒に対する手順が見つかると，$5k$ 本や $6k$ 本，さらには一般の
nk 本のマッチ棒にしたときの手順も簡単に見つかる．k 本重ねの組を右から順
次に $n-4$ 組作るというこれまでの方法を使えばよい．この具体的な方法は，も
はや説明の必要もないであろう．

　こうして，2 本飛びの 2 本重ねの標準のゲームから出発して，3 本飛びの 3
本重ねや一般の k 本飛びの k 本重ねの手順を導いた．しかし，マッチ棒の飛び
越しゲームには，まだ別の方向への拡張がある．

3.6　さらに拡張したマッチ棒の飛び越しゲーム

　これまでのゲームでは，マッチ棒を飛び越す本数と，1 組に重ねられるマッ
チ棒の本数がいつも一致するものと考えていた．このため，一般の場合も k 本
飛びの k 本重ねとなっていたが，この制限をさらにゆるめるゲームも考えられ

る．ただし，3本飛びの2本重ねのように，マッチ棒を飛び越す本数が1組に重ねられる本数の倍数にならないときは，成功の手順は絶対に存在しない．このことは，望みの手順が存在したと仮定したとき，最終の配置に到達する直前の飛び越しを考えると，ほとんど明らかである．というのは，直前の配置から最終の配置に移るには，k 本ずつに重ねられた何組かを飛び越す以外に，別の飛び越し方はあり得ないからである．こうして，この節で対象とするゲームは，km 本飛びの k 本重ねのゲームとなる．ここに，m は2以上の整数とする．

　まず，もっとも簡単な場合として，4本飛びの2本重ねを調べると，10本以下のマッチ棒では不可能なことがわかる．このことのうまい説明は，それが可能であったと仮定して，さきに最終の配置を作っておくことである．これからフィルムを逆回しするように，逆の手順を考えてみる．10本のマッチ棒を例にとると，最終の配置は2本重ねの5組である．すると，これからどのような逆の手順を選んでも，どれか1本のマッチ棒を逆戻りさせたあとは，まったく身動きがとれない状態になる．こうして，10本では不可能なことがわかる．同じような考察は，8本以下のマッチ棒でもできるので，10本以下では不可能となる．

　12本のマッチ棒に対しては，図3.31のように，具体的な手順が存在する．このため，右端から2本重ねを順次に作る例の方法を踏襲すれば，12本以上の偶数本のマッチ棒に対しても，いつでも4本飛びの2本重ねの手順が存在することになる．すると，次は $2m$ 本飛びの2本重ねとなるが，さらに一般の km 本飛びの k 本重ねも同じように考えられる．そこで，もっとも一般的なこのゲームを調べる．

　まず，km 本飛びの k 本重ねでは，$k(2m+1)$ 本以下のマッチ棒では不可能なことを示す．これには，本数が少なくなるほど苦しい状態に陥るので，ちょうど $k(2m+1)$ 本のときを示せば十分である．例によって，$2m+1$ 組の k 本重ねができたと仮定すると，どの組のマッチ棒から逆戻りしても，$k-1$ 本戻したところで身動きのとれない状態になる．このことは，実際に試してみれば明らかである．こうして，最初の配置から最終の配置に到達する手順は存在しないことになる．

　しかし，$k(2m+2)$ 本のマッチ棒になると，次のように具体的な手順が存在する．まず，図3.30と似た方法で，左から $m+1$ 番目のマッチ棒に $k-1$ 本のマッチ棒を重ねて，これを k 本重ねの1組とする．次に，まったく同じ方法で，

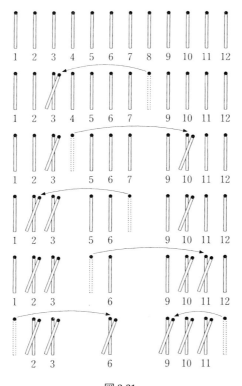

図 3.31

右から $m+1$ 番目のマッチ棒に $k-1$ 本のマッチ棒を重ねて，k 本重ねの 2 組目を作る．次に，左から m 番目，右から m 番目，左から $m-1$ 番目，右から $m-1$ 番目というように，外側に向かって k 本重ねの組を順次に作っていく．すると，どの場合も km 本のマッチ棒をうまく飛びこすことができて，k 本重ねが $m+1$ 組ずつが両側にできる．これが望みの配置で，k と m を具体的に決めた実例で調べると，その様子がよくわかる．なお，$k(2m+2)$ 本以上であれば，マッチ棒の本数が k の倍数のときはいつでもうまくいく．この手順はこれまでのものと同じである．

第4章
周 遊 ゲ ー ム

4.1 正多面体の頂点巡り

　イギリスの数学者ハミルトンは，生涯に1度だけ，ゲームのオモチャを売り出した．それが正十二面体の頂点巡りで，この章の冒頭で考察するゲームである．これが契機になって，グラフ理論と呼ばれる数学の分野では，それを一般化した問題を「ハミルトン閉路の問題」と呼んでいる．今日でも，難解な問題の一つとされているが，そのような専門的な議論はここでは無用である．この節では，ハミルトンが市販したオモチャとしてのゲームを考える．

　まず，正多面体の説明から始める．ご存じのように，同じ形，同じ大きさの正多角形に囲まれた立体を正多面体という．ただし，これだけでは不正確で，どの頂点にも正多角形が同じ形態で集まる必要がある．これを具体的に調べると，図4.1の5種類に限られる．数学者はこれらをプラトンの立体と呼んでいる．これらは，左から右に向かって，4個の正三角形に囲まれた正四面体，6個の正方形に囲まれた正六面体，8個の正三角形に囲まれた正八面体，12個の正五角形に囲まれた正十二面体，20個の正三角形に囲まれた正二十面体である．

　正多面体の頂点巡りというのは，それぞれの正多面体に対して，どれかの頂点から出発して，すべての頂点を1度ずつ訪ねたのち，最初の頂点に戻ってくる周遊コースを見つけることである．ただし，途中の経路は正多面体の辺を伝わるものに限る．すると，どの頂点も1度しか訪ねないため，必然的に同じ辺

図4.1

は2度と通れない．また，1度も通らない辺もある．ハミルトンは正十二面体の頂点巡りだけを提案したが，参考までに，他の4個の正多面体についての頂点巡りも考えてみる．

　もっとも単純なのは正四面体で，問題に取り上げるのもおかしいくらいである．図4.2の（b）の太線を見れば明らかなように，頂点巡りは簡単にできる．ここで，周遊コースの表現方法を決めておく．図（b）の正四面体を上から見ると，図（c）のようになる．4個の頂点をA，B，C，Dとしてあるので，両者の対応は明らかである．頂点巡りを考えるかぎり，このような表現でも問題ない．図（c）の特徴は，正四面体を平面図として表したことにある．その代わり，内部の3個の正三角形は異常に平たい二等辺三角形に変形している．平面図にするかぎり，この変形は我慢する．

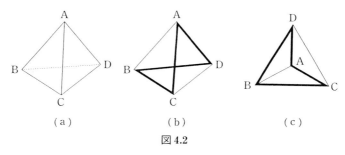

図 4.2

　これと同じ表現は，他の正多面体でも可能である．ただし，上から見るだけでは無理なので，多少の細工が必要である．このため，正多面体の各面を薄いゴム膜で作ったと想定し，それを机の上に置く．ここで，底になった面だけを正多角形のままで引き伸ばすと，他のすべての面は上からでも次第に見えるようになる．言葉で説明するとむずかしいが，実物を見せられれば納得がいく．図4.3の（a）は正六面体で，底面の正方形を少し引き伸ばせば，この図になる．また，図（b）は正八面体で，底面をかなり大きく引き伸ばしてある．ちょっと対応がつけにくいが，それぞれの正三角形がどのようについているかに注意すると，図4.1の正八面体を引き伸ばした図であることがわかってくる．

　この表現を認めると，正多面体の周遊コースは見つけやすくなる．平面図として考えることができるので，すべての頂点を通る一巡コースを目で探せる．図4.3の太線はそれを示したもので，もはや説明は不要である．ただし，他にも周遊コースは存在する．

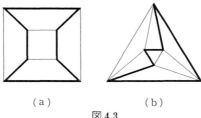

（a）　　　　　　（b）

図 4.3

　次は，正十二面体を飛び越して，正二十面体を考える．こうなると，周遊コースを見つけるよりも，上から見おろした平面図を描くほうがたいへんである．これを慎重に実行すると，図4.4の平面図を得る．ただし，これが正二十面体と対応していることを確認するには，多少の時間が必要である．この平面図を作ると，周遊コースを見つけるのは容易である．例によって，これを太線で示してある．なお，正二十面体を正十二面体よりさきに調べたのは，正十二面体の頂点は20個あるのに，正二十面体の頂点は12個しかないからである．つまり，頂点巡りを考えるときは，正二十面体のほうが容易である．

　最後は，ハミルトンが提案した正十二面体の頂点巡りを考える．図4.5はその平面図と周遊コースを示したもので，それほどむずかしいゲームではない．ただし，すべての周遊コースを求めようとすると，簡単には求まらない．そこで，コンピュータに調べさせると，全部で30通りの周遊コースが求められる．しかし，どれも本質的には同じもので，そのままの形で正十二面体の別の頂点に移し替えたり，裏返したりすると，すべてが完全に重なる．この意味で，本質的には同じといえる．

　これで，正多面体の頂点巡りの周遊コースはすべて得られたが，どういう多面体にも周遊コースがあるわけではない．たとえば，図4.6(a)の立体を考えて

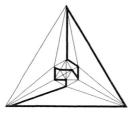

図 4.4

図 4.5

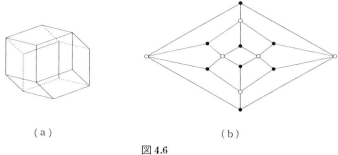

(a) 　　　　　　　　　　　(b)

図 4.6

みよう．これは，同じ形をした 12 個のひし形で囲まれた立体で，ふつう，ひし形十二面体と呼ばれている．図（ b ）はその平面図で，頂点を白マルと黒マルの 2 種類に分けてある．白マルはそこから 4 本の辺が出ている頂点，黒マルは 3 本の辺が出ている頂点である．これを見ると，どの辺も白マルと黒マルの頂点を結んでいる．このため，ひし形十二面体に周遊コースが存在すれば，白マルと黒マルの頂点を交互に訪ねるはずである．ところが，白マルの頂点は 6 個，黒マルの頂点は 8 個である．これでは，周遊コースが作れるはずがない．こうして，ひし形十二面体には頂点巡りの周遊コースがないことがわかった．

4.2　正多面体の頂点巡りの数理

　正多面体の周遊コースは，直観や試行錯誤で求めているので，背後に数理は存在しないように思われる．しかし，得られた周遊コースを見ると，著しい特徴がある．まず，もっとも簡単な正四面体に戻り，その周遊コースを見直してみる．いま，図 4.2 の図を見ながら，周遊コースにそってハサミを入れていく．すると，表面は二つに分かれて，どちらも 2 個の正三角形になる．図 4.7 はそれを示したもので，外周の太線は周遊コースを表す．これを図 4.2 の右の図で見るときは，まず周遊コースに囲まれた内部の図形を見る．これが図 4.7 になるのは明らかである．一方，外部の図形は正三角形が 1 個だけのようであるが，じつは裏側に大きな正三角形が隠れている．このことは，平面図がゴム膜の引き伸ばしから得られたことを思い出せば，容易に理解できる．この隠れた面も含めると，やはり図 4.7 となる．こうして，周遊コースにそって切り分けられた二つの図形は完全に同じになる．しかも，それらの展開図は平面上に描くことができ

図 4.7

る．

正四面体で考える限り，これらのことは当然に見える．何しろ，表面がたった4個の正三角形で囲まれているので，これ以外に考えようがない．しかし，1個と3個に分かれないで，2個ずつの正三角形にうまく切り分けられたことは，考えてみれば不思議である．

では，他の4個の正多面体の周遊コースではどうか．これを調べるには，平面図で示した周遊コースの内部の図形を取り出してみればよい．そのあとで，外部の図形も調べれば，二つの図形が対比できる．図4.8は周遊コースの内部の図形を取り出したもので，左上が正六面体，左下が正八面体，右上が正二十面体，右下が正十二面体に対するものである．これらの図形が正しいことは，それぞれの平面図に対して，内部の正多角形を整形しながら順次につなげればわかる．そこで，周遊コースの外側の図形を調べると，どの正多面体に対しても，内部の図形と完全に一致している．これは常識を越えた結果である．こうして，周遊コースに沿って切り分けると，単に正四面体だけでなく，他のすべての正多面体に対しても，つねに二つの同じ図形に分かれることが示された．このことは，理論的にも導けるが，予備知識を多少は必要とするので，ここでは割愛する．興味ある読者は，演習問題として考えていただきたい．

次に，正十二面体の周遊コースに対して，数学的な表現方法を考えてみる．これは単に表現方法を考えるだけでなく，周遊コースの求め方も示唆している．まず，正十二面体の周遊コースを図4.9のように描き，20個の頂点に1から20までの番号をつける．こうすると，数字の順に頂点を訪ねるので，考え方が簡

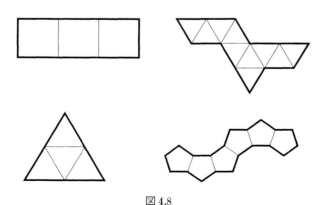

図4.8

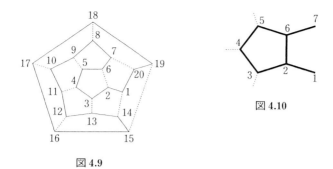

図 4.9

図 4.10

明になる.

　いま，1 から 7 までの頂点を図 4.10 のように取り出し，二つの経路

　　　$1 \rightarrow 2 \rightarrow 3 \rightarrow 4 \rightarrow 5 \rightarrow 6 \rightarrow 7$

　　　$1 \rightarrow 2 \rightarrow 6 \rightarrow 7$

を比べてみる．どちらも 1 から 7 までの経路であるが，上の経路は途中で 3，4，5 の頂点を余分に訪ねた迂回コースである．この二つの経路を記号で表現するため，ある頂点を訪ねたとき，そこを左に曲がれば L，右に回れば R で表す．すると，図 4.10 の点線の分かれ道を参考にすると，上の経路は頂点 2 で左に曲がり，頂点 3，4，5 でそれぞれ右に曲がり，頂点 6 で左に曲がるので，

　　　　　$L \rightarrow R \rightarrow R \rightarrow R \rightarrow L$

となる．また，下の経路は頂点 2，6 でどちらも右に曲がるので，

　　　　　$R \rightarrow R$

となる．こうして，

　　　　　$(R \rightarrow R) \Rightarrow (L \rightarrow R \rightarrow R \rightarrow R \rightarrow L)$　　　　　　　　　　(4.1)

の置き換えは，1 個の正五角形を途中で迂回するコースに変更したことに相当する.

　ここで，周遊コースを求めるため，まず 1 個の五角形を一巡するだけの単純な閉路を考える．すると，時計回りに一巡すれば，5 回とも右に曲がることになるので，

　　　　　$R \rightarrow R \rightarrow R \rightarrow R \rightarrow R = R \rightarrow R \rightarrow R \rightarrow (R \rightarrow R)$

と表される．ここに，右辺の最後の 2 個の R を括弧でくくってあるが，これは五角形の迂回コースに置き換えることを意図している．すると，括弧の部分に式 (4.1) を代入することによって，

$$R \to R \to R \to (R \to R) = R \to R \to R \to (L \to R \to R \to R \to L)$$
$$= R \to R \to R \to L \to (R \to R) \to R \to L$$

となる．なお，ここでも2個のRを括弧でくくり，その部分を五角形の迂回コースに置き換えることを意図している．すると，

$$R \to R \to R \to L \to (R \to R) \to R \to L$$
$$= R \to R \to R \to L \to (L \to R \to R \to R \to L) \to R \to L$$
$$= R \to R \to R \to L \to L \to R \to (R \to R) \to L \to R \to L$$

となって，2個の五角形を迂回するコースが得られる．この置き換えをさらに3回続けると，

$$R \to R \to R \to L \to L \to R \to (R \to R) \to L \to R \to L$$
$$= R \to R \to R \to L \to L \to R$$
$$\to (L \to R \to R \to R \to L) \to L \to R \to L$$
$$= R \to R \to R \to L \to L \to R$$
$$\to L \to R \to (R \to R) \to L \to L \to R \to L$$
$$= R \to R \to R \to L \to L \to R \to L \to R$$
$$\to (L \to R \to R \to R \to L) \to L \to L \to R \to L$$
$$= R \to (R \to R) \to L \to L \to R \to L \to R$$
$$\to L \to R \to R \to R \to L \to L \to L \to R \to L$$
$$= R \to (L \to R \to R \to R \to L) \to L \to L \to R \to L \to R$$
$$\to L \to R \to R \to R \to L \to L \to L \to R \to L$$
$$= R \to L \to R \to R \to R \to L \to L \to L \to R \to L \to R$$
$$\to L \to R \to R \to R \to L \to L \to L \to R \to L$$

となる．最後に得られた経路は，図4.9の周遊コースを表している．

　このように，直観と試行錯誤だけのゲームと思われる正多角形の頂点巡りにも，いろいろな数理が秘められている．こういったところに，数学の面白さを感じとれれば，単純な1人ゲームも侮れないものとなる．

4.3　ナイトの周遊ゲーム

　ナイトというのはチェス（西洋将棋）の駒の一つで，図4.11のように，馬の頭の形をしている．騎士が馬に乗ったときを想像したもので，盤上を縦横無尽に跳び回ることができる．ナイトは，縦方向に1マスと横方向に2マスを同時に飛び越すか，横方向1マスと縦方向に2マスを同時に飛び越していく．この

 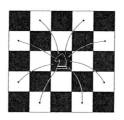

図 4.12

動き方は 8 通りで，それを示したのが図 4.12 である．このナイトの動き方を利用すると，面白い周遊ゲームができる．チェス盤のどこかのマスにナイトを 1個だけ置き，すべてのマスを 1 度ずつ訪ねたのちに，最初のマスに戻ってくるゲームである．ここに，チェス盤は 8×8 の正方格子盤なので，標準のゲームではこの盤上での周遊コースを考える．ただし，一般の $2n×2n$ の盤上での周遊ゲームを考えても，ほとんど同じような扱いができる．

　ナイトの周遊ゲームには，数学的な側面がたくさんある．このため，多くの数学者がこのゲームを研究し，いろいろな成果を得ている．その中には，ド・モアブル，オイラー，ヴァンデルモンド，ルジャンドルなどの著名な数学者も含まれている．また，最後の節で紹介するように，コワレフスキーが提案した見事で優雅な周遊コースの求め方もある．しかし，有名な未解決問題も残されていて，今後の研究が待たれる面も少なくない．

　まず，一般の $n×n$ の盤上に対する周遊ゲームに触れると，n が奇数のときは不可能である．たとえば 7×7 の盤を考えて，図 4.13 のように，これを白と黒の市松模様に塗り分ける．すると，ナイトが白のマスにいるときは，飛び移れるマスは黒しかなく，黒のマスにいるときは，飛び移れるマスは白しかない．

図 4.13

このため，もし周遊コースが存在すれば，白と黒のマスを交互に飛び移るはずである．ところが，それぞれのマスを数えると，白のマスは25個，黒のマスは24個である．これでは，すべてのマスを1度ずつ訪ねたのち，最初のマスに戻ることは不可能である．なお，白と黒のマスの個数が違うのは，n がどういう奇数のときも同じである．こうして，対象となるのは，(偶数)×(偶数)の盤に限られる．ただし，n が4のときは，周遊コースは存在しないことがわかっている．また，n が2のときも不可能なので，考えるのは n が6以上のときである．

まず最初は，こうすればほとんど確実に成功するという経験的な方法を紹介する．ここの例は**ルジャンドル**が与えたもので，他のものを考えても大同小異である．ナイトを好きなマスに置き，そこから図4.12の飛び方で，空いたマスをつぎつぎに訪ねていく．訪ね方は自由であるが，なるべく多くのマスを訪れるように配慮する．もちろん，すでに訪れたマスへの再訪問は許さない．こうすると，かなりのマスを訪問できるが，すべてのマスを訪れるのは不可能である．しかし，これを出発点とするだけなので，訪問できないマスの個数は問題にしない．ただし，常識的には4個か5個ぐらいのマスにまで減らせる．図4.14はこの方法で作ったもので，1→2→3…の順に60番目のマスまで訪ねられたが，a，b，c，dの4個のマスが訪問されないまま残っている．以下では，この状態を出発点とする．

まず最初に行うことは，すでに訪ねた1番から60番までのマスを一巡するコースに変更することである．これには，1番のマスから飛び移れるマスと，60番のマスから飛び移れるマスを拾い上げる．すると，1番のマスからは，

2番，32番，52番

のマスに，60番のマスからは

55	58	29	40	27	44	19	22
60	39	56	43	30	21	26	45
57	54	59	28	41	18	23	20
38	(51)	42	31	8	25	46	17
53	32	37	a	47	16	9	24
50	3	52	33	36	7	12	15
1	34	5	48	b	14	c	10
4	49	2	35	6	11	d	13

図4.14

57	54	29	40	27	44	19	22
52	39	56	43	30	21	26	45
55	58	53	28	41	18	23	20
38	(51)	42	31	8	25	46	17
59	32	37	a	47	16	9	24
50	3	60	33	36	7	12	15
1	34	5	48	b	14	c	10
4	49	2	35	6	11	d	13

図4.15

29番，51番，59番

のマスにそれぞれ飛び移ることができる．これを見ると，1番のマスから飛び移れる52番のマスと60番のマスから飛び移れる51番のマスが続き番号になっている．そこで，60番から52番までを逆順の52番から60番に入れ替えれば，図4.15の一巡コースができる．いま述べた構成法を図示すると以下のようになる．

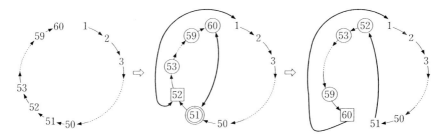

（a） 図4.14の一巡コース　（b） 1番と60番からそれぞれ　（c） 図4.15の一巡コース
　　　　　　　　　　　　　　　　　れ飛び移れる隣接マス52番　　　　○と□で囲まれた数字は番
　　　　　　　　　　　　　　　　　と51番を見つける　　　　　　　号がつけ換えられている

図4.16

では，続き番号がないときはどうするか．このときは，1番と60番のマスを近づける操作を追加する．この具体的な操作は（別の手順の中で）すぐあとに説明するので省略するが，その操作を何回か追加すれば，確実に続き番号を作ることができる．この内容は，以下の手順を読み進めれば，自然と明らかになる．

次は，64個のすべてのマスを訪ねるコースを作る．ただし，最初のマスに戻ってくる必要はない．図4.15を見ると，aのマスからbのマスを経由してdのマスに飛び移ることができる．そこで，まずこの3個のマスを追加するため，aのマスから飛び移れるマスを調べると，

3番，5番，7番，25番，41番，51番，53番

のマスがある．この中から，どれか好きな番号を任意に選ぶ．たとえば，これを51番とすると，51番のマスからa, b, dを訪ねることができるので，1番から51番までを10番から60番までの番号につけ替え，52番から60番までを1番から9番までの番号につけ替えればよい．すると，aは61番，bは62番，cは63番となり，1番のマスから63番のマスまでを訪ねるコースができる（図

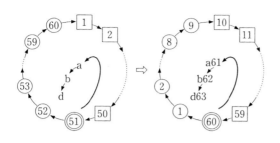

図 4.17

6	3	38	49	36	53	28	31
1	48	5	52	39	30	35	54
4	7	2	37	50	27	32	29
47	60	51	40	17	34	55	26
8	41	46	61	56	25	18	33
59	12	9	42	45	16	21	24
10	43	14	57	62	23	c	19
13	58	11	44	15	20	63	22

図 4.18

4.17）．図 4.18 はこの結果を示す．

　しかし，まだ c のマスが訪ねられないままに残されている．これもコースに含めるため，c のマスから飛び移れるマスを調べると，

　　　15 番，25 番，33 番，45 番

の 4 個のマスがある．また，1 番と 63 番のマスからそれぞれ飛び移れるマスを調べると，1 番からは

　　　2 番，38 番，60 番

のマスに，63 番からは

　　　16 番，24 番，62 番

のマスに飛び移ることができる．これを見ると，15 番と 16 番，25 番と 24 番が続き番号である．しかし，すぐあとでわかるように，15 番と 16 番は正順の続き番号なので使えない．一方，25 番と 24 番は逆順の続き番号なので，1 番から 24 番までのマスを訪ねたのち，63 番から 25 番までのマスを逆順に訪ね，最後に c のマスを訪ねればよい（図 4.19）．この結果が図 4.20 で，64 個のマスをすべて

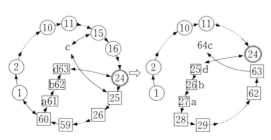

図 4.19

6	3	50	39	52	35	60	57
1	40	5	36	49	58	53	34
4	7	2	51	38	61	56	59
41	28	37	48	17	54	33	62
8	47	42	27	32	63	18	55
29	12	9	46	43	16	21	24
10	45	14	31	26	23	64	19
13	30	11	44	15	20	25	22

図 4.20

訪ねるコースとなっている．こうして，a，b，c，d の 4 個のマスもコースのなかに追加することができた．

　しかし，まだ最初のマスに戻ってくる周遊コースの問題が残っている．これには，1 番と 64 番のマスを近づけておくことが大切である．そこで，1 番のマスから飛び移れるマスを調べると，

　　　2 番，28 番，50 番

の 3 個のマスがある．この中から，たとえば 28 番を選ぶと，28 番のマスからは 1 番と 27 番のマスに飛び移ることができるので，27 番のマスから 1 番のマスまで逆戻りしたあと，28 番のマスから 64 番のマスまで進むことができる．これには，1 番から 27 番までの番号を逆順の 27 番から 1 番までの番号につけ替えればよい（図 4.21）．図 4.22 はこの結果を示したものである．

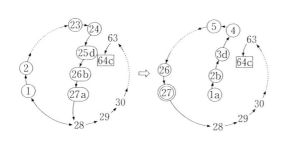

22	25	50	39	52	35	60	57
27	40	23	36	49	58	53	34
24	21	26	51	38	61	56	59
41	28	37	48	11	54	33	62
20	47	42	1	32	63	10	55
29	16	19	46	43	12	7	4
18	45	14	31	2	5	64	9
15	30	17	44	13	8	3	6

図 4.21　　　　　　　　　　　　　　図 4.22

　この準備をしたあと，1 番と 64 番のマスから飛び移れるマスを調べると，1 番からは

　　　2 番，12 番，14 番，16 番，26 番，28 番，38 番，54 番

の 8 個のマスへ，64 番からは

　　　13 番，43 番，55 番，63 番

の 4 個のマスへそれぞれ飛び移ることができる．これを見ると，14 番と 13 番が逆順の続き番号である．このため，64 番から 13 番，12 番，…，1 番，14 番のマスまでを逆戻りしたあと，14 番から 64 番までのマスを進んでいけば，64 個のマスをすべて訪ねる周遊コースができる（図 4.23）．図 4.24 はこの最終結果を示したものである．この方法を利用すると，手順の多さを問題にしなければ，最初の出発点と，そこから始まるどういうコースを選んでも，確実に周遊コースを作ることができる．

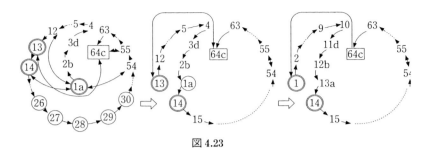

図 4.23

22	25	50	39	52	35	60	57
27	40	23	36	49	58	53	34
24	21	26	51	38	61	56	59
41	28	37	48	3	54	33	62
20	47	42	13	32	63	4	55
29	16	19	46	43	2	7	10
18	45	14	31	12	9	64	5
15	30	17	44	1	6	11	8

図 4.24

　ところが，出発点のコースを作るとき，まことに強力な方法がある．それを使うと，64 個のすべてのマスを訪ねるコースを確実に作ることができる．ただし，最初のマスに戻ってはこない．この方法はワーンスドロフが発見したもので，すべての $n \times n$ 盤はもちろんのこと，長方形に拡張した $m \times n$ 盤にも適用できる．ただし，m と n は 4 以上にしないと，不可能なコースに挑戦することになる．この方法はまことに単純で，以下のようにすればよい．

ワーンスドロフの規則：

　あるマスに飛び移ったとき，そのマスからさらに飛び移ることのできるすべてのマスを拾い上げる．そして，それぞれのマスからさらに何個のマスに飛び移れるかを数え，最小の飛び方しかできないマスに飛び移る．ただし，対象となるマスが 2 個以上あれば，そのなかの任意のマスを選ぶ．

　まったく単純な規則であるが，この背後にある思想は，「苦しい状況にあるマスを先に選び，ゆとりのあるマスはあとに残しておく」というものである．卑近な例をとると，引っ越しで荷物をトラックに積むとき，大きい荷物から積み

込むのと同じである．先に小物を積み込むと，無駄な空間がたくさんできて，大きい荷物が積めなくなる．ごく自然な規則であるが，これで確実にすべてのマスを訪問できるという証明はない．ナイトの周遊ゲームに関する有名な未解決問題である．

　ワーンスドロフの規則を正確に適用すると，どのマスから出発しても，すべてのマスを1度ずつ訪ねるコースが確実に得られる．しかも，不思議なことに，この規則に違反する飛び方が多少はあっても，それが最初の段階ならば，まったく問題にならない．ただし，最初のマスに戻ることは絶対に期待できない．このため，周遊コースを作るには，最初と最後のマスをつなぐ操作を追加する必要がある．以下に，この例を示す．

　図4.25はワーンスドロフの規則を適用したもので，最初のマスは中心付近に置いた．これは，周遊コースを作るときに，そこから飛び移るマスが多ければ多いほど，1度で成功する可能性が高くなるからである．なお，図4.25を作る途中の段階で，随所に選択の余地が現れる．このため，最初のマスを同じ場所に決めても，いろいろなコースが得られる．なお，最後の64番目のマスも中心付近になったが，これは偶然ではない．ワーンスドロフの規則を適用すると，最初は外側のマスから訪ねることになり，中心付近のマスは最後に残る．このことは，読者自身でこの規則を適用すれば，容易に理解できるであろう．

　最初のマスに戻る周遊コースを作るには，図4.22から図4.24を導いたときと同じ方法を適用すればよい．1番と64番のマスから飛び移れるマスを調べると，1番からは

　　2番，4番，8番，20番，26番，40番，54番，62番

の8個のマスへ，64番からは

3	24	53	32	19	22	55	34
52	31	2	23	54	33	18	21
25	4	59	64	41	20	35	56
30	51	42	1	60	57	44	17
5	26	63	58	43	40	61	36
50	29	8	39	62	45	16	13
9	6	27	48	11	14	37	46
28	49	10	7	38	47	12	15

図4.25

3	24	53	32	19	22	63	34
52	31	2	23	64	33	18	21
25	4	59	54	41	20	35	62
30	51	42	1	58	61	44	17
5	26	55	60	43	40	57	36
50	29	8	39	56	45	16	13
9	6	27	48	11	14	37	46
28	49	10	7	38	47	12	15

図4.26

19番，31番，33番，43番，51番，53番，57番，63番

の8個のマスへそれぞれ飛び移ることができる．これを見ると，20番と19番，54番と53番が逆順の続き番号である．このため，どちらからも周遊コースは作れるが，ここでは54番と53番から作ってみる．すると，1番から53番まで進んだあとに，64番から54番まで逆戻りすればよい．これは，64番から54番までを54番から64番までの番号につけ替えることなので，図4.26の周遊コースが得られる．

以上で，何の条件もつけない周遊コースは簡単に作れることがわかった．次の節とその次の節では，対称性のある美しい周遊コースの作り方を示す．

4.4 対称性のあるナイトの周遊ゲーム（1）

ナイトの周遊コースに対しては，対称性をもった美しいコースがいろいろ研究されている．その可能性を最初に指摘したのはオイラーで，彼は17世紀の万能の数学者として知られている．まず，その周遊コースを紹介する．

図4.27のように，8×8の正方格子盤を上下の二つに分ける．そして，32番目のマスに飛び移るまでは，下側のマスだけを利用する．これらのマスを訪ね終わると，次は一転して上側のマスを利用する．このとき，1番から32番までのコースがそのまま33番から64番までのコースに転用できれば，対称性のある周遊コースとなる．ただし，これには1番と33番のマスが中心に対して対称の位置にあることが必要である．すると，32番と64番のマスも必然的に対称の位置にくるので，全体の図形を180度回転したものとぴったり重なる．図4.27はその方針で作ったもので，図4.28は周遊コースの経路を示す．これまでの周遊コースに比べると，その美しさがよくわかる．

58	43	60	37	52	41	62	35
49	46	57	42	61	36	53	40
44	59	48	51	38	55	34	63
47	50	45	56	33	64	39	54
22	7	32	1	24	13	18	15
31	2	23	6	19	16	27	12
8	21	4	29	10	25	14	17
3	30	9	20	5	28	11	26

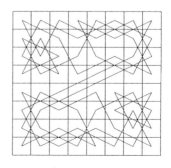

図4.27　　　　　　　　　　　　　　　図4.28

　ロジェットはこれを拡張して，上下左右の四つに分ける方法を発見した．その考え方の根底には，すばらしい発想が秘められているので，少し丁寧に説明する．図 4.29 のように，8×8 の正方格子盤を上下左右の四つに分け，A，B，C，D の文字をそれぞれのマスに記入する．このとき，どの 4×4 の正方格子盤にもまったく同じ形で文字を記入するのが肝要である．しかも，四つの正方格子盤のそれぞれの中で，同じ文字による一巡コースができる．この様子を示したのが図 4.30 で，A と B の文字は正方形の一巡コース，C と D の文字はひし形の一巡コースを作っている．ところが，まことに都合がよいことに，8×8 の大きな正方格子盤の中に同じ形の 4 個の一巡コースを文字ごとに作ったとき，どの一巡コースも 1 箇所だけ切り開いて，同じ 16 個の文字をすべて経由する大きな一巡コースに拡大することができる．この切り開き方はどの文字についても 2 通りずつあるが，その一つを示すと図 4.31 のようになる．これを見ると，

C	B	A	D	C	B	A	D
A	D	C	B	A	D	C	B
B	C	D	A	B	C	D	A
D	A	B	C	D	A	B	C
C	B	A	D	C	B	A	D
A	D	C	B	A	D	C	B
B	C	D	A	B	C	D	A
D	A	B	C	D	A	B	C

図 4.29

C	B	A	D
A	D	C	B
B	C	D	A
D	A	B	C

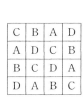

図 4.30

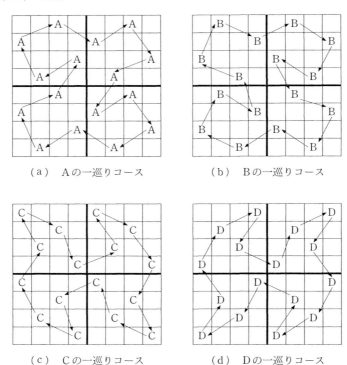

（a）　Aの一巡りコース　　　　（b）　Bの一巡りコース

（c）　Cの一巡りコース　　　　（d）　Dの一巡りコース

図4.31

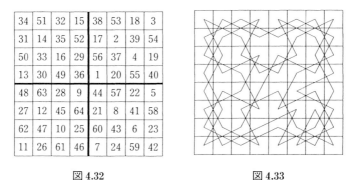

34	51	32	15	38	53	18	3
31	14	35	52	17	2	39	54
50	33	16	29	56	37	4	19
13	30	49	36	1	20	55	40
48	63	28	9	44	57	22	5
27	12	45	64	21	8	41	58
62	47	10	25	60	43	6	23
11	26	61	46	7	24	59	42

図4.32　　　　　　　　　　　図4.33

すべての一巡コースが美しい対称図形を作っていて，180度に回転した図形と
ぴったり重なる.

　次に，図4.31の四つの一巡コースに対しても，さらに1箇所ずつを切り開い

て，64 個のすべての文字を経由する周遊コースに融合することを考える．これに成功すれば，4×4 の 4 個の正方格子盤の中では，ほとんど同じ経路をたどるので，かなりの対称性を備えた美しい周遊コースになるはずである．この可能性を調べると，いろいろな形で融合できることがわかる．図 4.32 はその一例を示したもので，1 番から 64 番までのマスをその順にたどってみれば，かなりの対称性を備えていることがよくわかる．図 4.33 はその経路を示したもので，前の節の周遊コースからは格段の進歩である．なお，ロジェットの方法を使うと，これ以外にも美しい周遊コースを作ることができる．興味ある読者は，ぜひ実際に作ってみてもらいたい．

4.5　対称性のあるナイトの周遊ゲーム（2）

　ロジェットの周遊コースはかなりの対称性を備えているが，でき上がったコースをよく見ると，完全な対称図形ではない．これを見事な対称図形に作り上げたのが**コワレフスキー**で，その着想には驚嘆する．ロジェットの研究から約 90 年の月日が流れていることと，それを引用していないことから，コワレフスキーはロジェットの研究を知らなかったようである．

　まず，考え方の骨子を理解するために，6×6 の正方格子盤の周遊コースを考える．ロジェットの方法と同じように，これを 3×3 の 4 個の正方格子盤に分け，その 1 個を図 4.34 のように抜き出す．そして，直角二等辺三角形を作る左上の 6 個のマスに，A から F までの 6 個の文字を記入する（図 4.34 の斜線部）．また，残りの 4 個のマスには，A，B，C のマスを結んで得られる対角線に対して，対称的なマスに対応する小文字を記入する（図 4.34）．次に，図 4.35 の方法（向き）で，いま記入した文字を 3×3 の 4 個の正方格子盤に写し取る．ここで，1

図 4.34

図 4.35

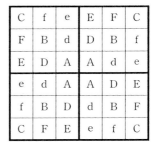

図 4.36

から4までの数字は3×3の4個の正方格子盤を表し，数字の向きは90度ずつ
回転した配置にしてから文字を記入することを意味する．こうして作られたの
が図4.36で，前節の図4.29に対応する．

　図4.36において，ナイトがどのマスからどのマスへ飛び移れるか調べると，
違う文字のマスへ飛び移れるのは，それぞれの文字に対して，

　　　A→B，D，d，E，e，F，f
　　　B→A，E，e
　　　C→D，d
　　　D→A，C，e，f
　　　E→A，B，d，f
　　　F→A，d，e
　　　d→A，C，E，F
　　　e→A，B，D，F
　　　f→A，D，E

となる．ここでさらに，どの正方格子盤からどの正方格子盤に飛び移ったかを
図4.35で調べると，

　　　A→B（＋），D（＋＋），d（－－），E（＋），e（－），F，f
　　　B→A（－），E（＋），e（－）
　　　C→D，d
　　　D→A（－－），C，e，f（－）
　　　E→A（－），B（－），d，f
　　　F→A，d（－），e
　　　d→A（＋＋），C，E，F（＋）
　　　e→A（＋），B（＋），D，F
　　　f→A，D（＋），E

となる．ここに，同じ正方格子盤の中での移動は無印，時計回りに1個進む移
動はプラスを1個（＋），2個進む移動はプラスを2個（＋＋）つけ，逆に時計
回りに1個戻った移動はマイナスを1個（－），2個戻った移動はマイナスを2
個（－－）つけた．すると，＋＋と－－は実質的には同じであるが，対称性を重
視して，これらを使い分けた．このため，大文字と小文字では

　　　A→D（＋＋），d（－－）

のように正負の符号が逆転し，また移動の順序を入れ替えたときも

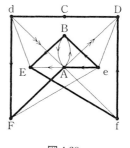

図 4.37　　　　　　　　　　　　　図 4.38

A→B（＋），B→A（−）

のように正負の符号は逆転する．

　いま，この移動の状況を図 4.37 のような線図で表す．ここに，黒マルはそれぞれのマスを表し，ナイトの移動が可能なマスの間は線で結んである．また，矢印のない線は同じ正方格子盤の中での移動，矢印をつけた線はその方向に盤が時計回りに進むことを意味する．なお，矢印には羽根が 1 個と 2 個の 2 種類あるが，それは時計回りに何個の盤を進むかを示す．つまり，プラスが 1 個のときは羽根も 1 個，2 個のときは羽根も 2 個となる．このことは，＋と−を括弧内に付記した上の移動と対比すれば容易にわかる．この図は何の変哲もないように見えるが，以下のような使い方をすれば，対称性のある周遊コースを見つけるための強力な武器になる．

　まず，図 4.37 の線に沿ってすべての黒マルを 1 度ずつ経由したのち，出発点に戻ってくる周遊コースを任意に作る．たとえば，これが図 4.38 のようであったとする．次に，そのコース上にある羽根を順次に加えていく．ただし，矢が逆方向のときは，逆に羽根の数だけ減らしていく．ここの例では，

A→e：−1，　D→C：　0
e→B：+1，　C→d：　0
B→E：+1，　d→F：+1
E→f：　0，　F→A：　0
f→D：+1

となるので，合計では＋3 個である．この和が奇数のときは，最初の A から最後の A まで進む間に，時計回りに正方格子盤を奇数個だけ進む（または戻る）はずである．ここの例では 3 個進むので，最初の A のマスが図 4.35 の 1 番の正方格子盤の中にあれば，最後の A のマスは 4 番の正方格子盤の中に入る．また，

この和が偶数であれば，もとと同じ正方格子盤の中か，対角線上に向かい合った正方格子盤の中に入る．以下の考察から明らかになるように，この和は確実に奇数になる．

　図4.38の周遊コースに対して，最初のＡが1番の正方格子盤の中にあるマスとして，6×6の正方格子盤の上で実際に経路を作ってみる．すると，図4.39のようになって，最後のＡは確かに4番の正方格子盤のマスの中に入っている．そこで，さらにこのＡを出発点として，まったく同じ形の経路を作ると，こんどは最後のＡは確実に3番の正方格子盤の中のマスに入る．このため，これと同じ操作をあと2回続けると，2番のＡを経由したのち，最初の1番のＡに戻ってくる．このようにして，図4.38から作られる経路を順次4回作れば，すべてのＡのマスを確実に1度ずつ経由する．このとき，B, C, Dなどの他の文字が記入されているマスはどうか．Ａのマスとまったく同じ状況にあることは，次のように考えれば明らかである．

　図4.38の経路を4回作ると，1回ごとにその経路が反時計回りに90度回転する．しかも，この周遊コースにはA〜F, d〜fのマスが1個ずつ含まれている．このため，これらの文字の記入方法を振り返ると，絶対に同じマスを二度と経由しない．こうして，この経路を6×6の正方格子盤の上で4回作れば，90度ごとの回転で重なる見事な周遊コースができる．図4.40はこれから作ったナイトの周遊コースで，まったく見事というほかはない．

　なお，羽根の個数が偶数になると，奇数番目の正方格子盤のマスは経由しないので失敗に終わる．しかし，図4.38の経路を作ると，心配は無用である．これは6×6の正方格子盤を市松模様に塗り分けると，図4.41のようになることから簡単にわかる．というのは，ナイトは白いマスと斜線のマスを交互に飛び移るので，偶数個の頂点を訪ねるとマスの色は逆転する．ところが，Ａのマス

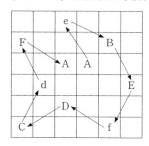

図 4.39

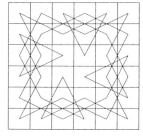

図 4.40

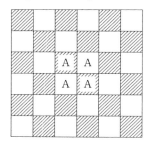

図 4.41

からAのマスまで戻ってくると，訪ねたマスは10個である．こうして，1番の正方格子盤の白いマスのAの文字から出発すれば，斜線のマスのAの文字で終わる．

ここで注意することは，図4.37の線図からすべての点（黒マル）を1度ずつ通る周遊コースは簡単に見つかるということである．一つだけなら，5分もかければ見つかる．これで，6×6の正方格子盤に対しては，対称性のあるナイトの周遊コースは簡単に作れることがわかった．

この正方格子盤に対するナイトの周遊コースの話題を離れるまえに，美しい周遊コースをもう1個示しておく．図4.42は90度ずつに回転する経路を求めるもので，図4.43はそれによる周遊コースである．これには羽根が2個ある線（A → D）も含まれているので，対角線の方向に飛び移るナイトが存在する．このため，図形の一部が風車のようになって，現代アートを見ているようである．こんなところに，数学と芸術の接点があるのかもしれない．

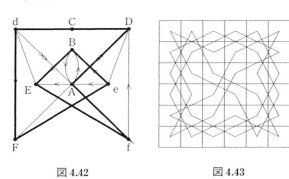

図 4.42   図 4.43

これまでの考察で，対称性のあるナイトの周遊コースの知識がかなり得られた．そこで，最後に8×8の正方格子盤に対するナイトの周遊コースの求め方を示す．もちろん，対称性のある美しい周遊コースで，これがこの節の本来の目的である．

まず，図4.34とまったく同じ方法で，16個の文字を図4.44のように記入する．右上の4×4の正方格子を見ると，A，B，C，Dの4個の文字が対角線上に記入され，これを対称軸にして，大文字のE，F，G，H，I，Jと小文字のe，f，g，h，i，jが残りのマスに記入されている．また，2番（右下），3番（左下），4番（左上）の正方形格子盤のマスには，これを順次90度ずつ回転した文字が記入されている．

D	j	i	g	G	I	J	D
J	C	h	f	F	H	C	j
I	H	B	e	E	B	h	i
G	F	E	A	A	e	f	g
g	f	e	A	A	E	F	G
i	h	B	E	e	B	H	I
j	C	H	F	f	h	C	J
D	J	I	G	g	i	j	D

図4.44

　図4.44のそれぞれの文字に対し，図4.37と同じ方法で，どの文字のマスからどの文字のマスへ飛び移れるかを調べると，図4.45を得る．かなり複雑な線図なので，図を見るだけでは理解しにくいが，個々のマスからの飛び移り方を調べると正しいことが確認できる．すると，これらの黒マルをすべて通る周遊コースを作れば，対称性のあるナイトの周遊コースはすぐに作れそうに思えるが，少し早計である．というのは，この図のすべての黒マルを1度ずつ訪ねる周遊コースを作っても，絶対にナイトの周遊コースにならないからである．このことは，市松模様を図4.46のように作ってみれば容易にわかる．こんどは，AのマスからAのマスまで戻ってくるのに17個の黒マルを通るので，1番の正方格子盤の白いマスのAの文字から出発すれば，最後もやはり白いマスのAの文字で終わる．これは1番か3番の正方格子盤の中のマスなので，2番と4番の正方格子盤の中のマスは絶対に通ることはない．このことから，6×6の正方格子盤に使った方法は通用しない．ここに鋭い洞察力が必要となるが，その

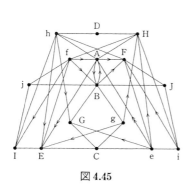

図4.45

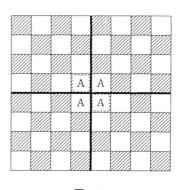

図4.46

まえに図 4.45 の周遊コースに基づく経路から，どのようなナイトの巡回コースが得られるかを調べておく．ここに，巡回コースという別の言葉を使ったのは，すべてのマスを通らなくても，一巡するコースならよいという意味である．すると，1 番の正方格子盤の A の文字から出発した経路がやはり 1 番の正方格子盤の A のマスに戻ってくるときと，3 番の正方格子盤の A のマスに終わるときの 2 通りが可能となる．そのどちらかになるかは，図 4.45 のすべての黒マルを通る周遊コースを作ったとき，そのコース上の羽根の個数の和が 0 になるか 2 になるかで決まる．

　まず，羽根の個数の和が 0 になるときを求めると，たとえば図 4.47 の周遊コースとなる．これを 8×8 の正方格子盤の中の経路で示したのが図 4.48 で，確かに 16 個のマスを経由する一巡コースになっている．このため，これを 90 度ずつに 4 回転したものを一つに重ねると，図 4.49 のように 64 個のマスを経由

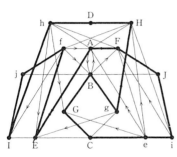

図 4.47

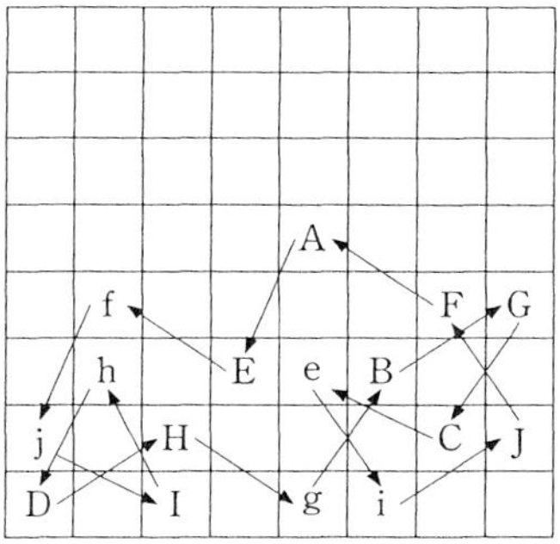

図 4.48

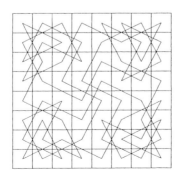

図 4.49

する．一見すると，すべてのマスを1度ずつ経由する周遊コースのようにも見えるが，実際は4個の独立した一巡コースに分かれている．しかし，対称性のある美しい図形であることは変わりない．

　次に，羽根の個数の和が2になるときを求めると，たとえば，図4.50の周遊コースとなる．これを8×8の正方格子盤の中の経路で示したのが図4.51で，こんどは16個のマスを通る一方向コースとなっている．このため，これを180度に回転したものと重ねると，はじめて32個のマスを通る巡回コースができる．このため，図4.51の経路を90度ずつに4回転したものを一つに重ねると，図4.52のように64個のマスを経由する．これも一見すると，すべてのマスを1度ずつ経由する周遊コースに見えるが，実際は2個の独立した一巡コースに分かれている．もちろん，対称性のある美しい図形であることには変わりないが．

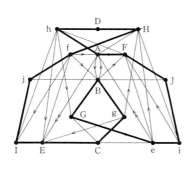

図4.50

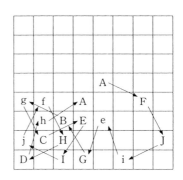

図4.51

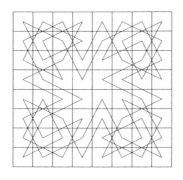

図4.52

　では，64 個のすべてのマスを経由する周遊コースを作るには，どのようにすればよいか．いま，図 4.47 の周遊コースの 1 箇所を切り開き，この一方向コースを 1 番から 4 番までの正方格子盤に描き写す．そして，この 4 本の一方向コースをうまくつなぎ合わせて，1 個の大きな周遊コースに作り替えることを考えてみる．このとき，つなぎ合わせ方がすべて同じであれば，90 度ずつに回転した図形はぴったり一致する．これは目的の周遊コースが作られたことを意味する．以下では，この可能性を調べる．

　図 4.47 の周遊コースの 1 箇所を切り開いたとき，それをうまくつなぎ合わせるには，たとえば 1 番の正方格子盤の中のマスから 2 番の正方格子盤の中のマスへというように，橋渡しをするナイトが必要である．この考えを具体的に説明するため，例として B と g のマスの間を切り離してみる．これで一方向コースになるにはなったが，1 番の正方格子盤の B のマスから 2 番の正方格子盤の B または g のマスへ飛び移ることと，1 番の正方格子盤の g のマスから 2 番の正方格子盤の B または g のマスへ飛び移ることは，残念ながらどちらも不可能である．こうして，B と g のマスの間を切り離しても，この計画は失敗に終わる．では，他の 2 個のマスの間を切り離したときはどうか．個々の場合を克明に調べると，どの場合も失敗に終わることが確かめられる．

　この立場から図 4.45 の線図の中の周遊コースを見直すと，偶然の好運を期待するのは無理な話で，その計画に沿った周遊コースを最初から作ることが必要不可欠である．そこで，図 4.44 に記入されている文字の配置を見直すと，ただ一つの可能性として，E のマスからは両隣りの E のマスに飛び移ることができ，e のマスからは両隣りの e のマスに飛び移ることができることがわかる．こ

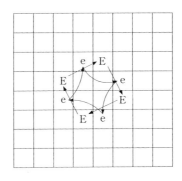

図 4.53

の様子を示したのが図 4.53 で，90 度ずつの回転でぴったり重なる配置になっている．この性質を利用するには，1 番の正方格子盤の E のマスから出発して，16 個の文字を 1 度ずつ訪ねたのち，最後に 2 番か 4 番の e のマスで終わることができればよい．これに成功すれば，たとえば 1 番の正方格子盤の E のマスから 2 番の正方格子盤の e のマスに終わるときは，

　　　1番：E のマスから e のマスへ
　　　2番：e のマスから E のマスへ
　　　3番：E のマスから e のマスへ
　　　4番：e のマスから E のマスへ

とすることによって，64 個のマスを 1 度ずつ訪ねる見事な周遊コースを作り上げることができる．そこで，1 番の E のマスから出発して，2 番また 4 番の e のマスで終わる一方向コースを作ってみる．このとき，例の市松模様による考え

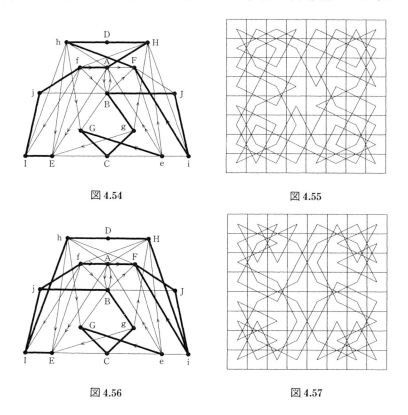

図 4.54

図 4.55

図 4.56

図 4.57

方から，3番のeのマスに終わることは絶対にない．このため，図4.45の線図に対しては，すべての黒マルを経由するEからeまでの一方向コースをただ作るだけでよい．すると，羽根の個数は必然的に1個か3個になる．図4.54はその方法で作ったものの一例で，それに対する周遊コースは図4.55となる．当然のことながら，この周遊コースは180度の回転で重なるが，90度の回転では重ならない．もちろん，90度の回転で重なる周遊コースを作ることは不可能で，この証明は例の市松模様から簡単にできる．また，そのコースが存在すれば，図4.45の中での一方向コースでは，左右対称の図形となる．これも不可能であるが，近いものを求めると図4.56のようになる．図4.57はそれに対する周遊コースで，かなりの対称性が認められる．

　なお，故松田道雄氏の調査によると，これから作られる周遊コースは全部で38通りある．興味ある読者は，そのいくつかを実際に作ってみるとよい．

第5章
15 ゲ ー ム

5.1 15ゲームの発祥

アメリカのパズル作家**サム・ロイド**はいろいろなパズルやゲームを考案した
が，その中の「15ゲーム」は最大傑作の一つといわれる．いまでも市販されて
いるので，ほとんどの読者はご存じと思うが，簡単に紹介しておく．

図5.1のように，1から15までの数字をかいたコマが正方形の枠の中に収め
られている．枠の中には16個のコマを入れるスペースがあり，1個分はコマを
移動させるための空いたスペースである．図5.2はそれを上から見たもので，
ふつうはこの配置を最終のゴールとする．最初の配置はコマを好きな場所に入
れたもので，それを出発点として，コマを縦横に滑らせながら最終ゴールまで
の移動を楽しむ．ただし，コマを枠の外に持ち上げることは許さない．ごく単
純なゲームなので，小学校に入学するまでの子どもでも楽しめる．

このゲームを初めてアメリカで売り出したとき，サム・ロイドは一つの問題
を提出し，それに巨額の懸賞金をかけた．1878年のことであるから，もう百年
以上も前である．これによってこのゲームは爆発的な人気を呼び，アメリカは
もちろんのこと，世界中のすみずみにまで知れ渡った．仕事を休んでまで熱中
する人が現れて，アチコチでロイドの問題に成功したという噂が伝わった．し

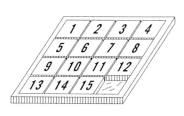

図5.1

図5.2

かし，手順を記録するほどのゲームでないので，だれも経過を記録していない．このため，もう一度やり直そうとしても，どうやったかを忘れている．そこで，また再挑戦することになり，ますます熱が入ってくる．

　その懸賞問題は，14 と 15 のコマを入れ替えただけの図 5.3 の配置から，正しい順に並べた図 5.2 の配置に移す手順を探せというもので，だれにも理解できる簡単な内容である．この問題は多くの愛好者の努力にもかかわらず，懸賞金をせしめる人は現れなかった．やがて，ある数学者がそれは不可能であることを証明し，さしもの熱も下火になったという．

1	2	3	4
5	6	7	8
9	10	11	12
13	15	14	

図 5.3

　では，どうして不可能なのか．このゲームの背後には美しい数理が秘められていて，それが疑問に答える鍵となる．しかも，やさしく説明すれば中学生にも理解できる．以下では，このゲームを中心にして，コマの並べ替えが数学的にどういう意味をもつかを解説する．

5.2　3 ゲームと 5 ゲーム

　3 ゲームというのは，15 ゲームをもっとも単純にしたもので，著者の命名である．これは，1 から 3 までの数字をかいたコマを正方形の枠の中に入れたもので，図 5.4 のようになる．枠の中には 4 個のコマを入れるスペースがあり，1 個分はコマを移動させるための空いたスペースである．ごく単純なもので，ゲームとしての面白みはまったくないが，これから始めないと 15 ゲームの核心に迫れない．

　まず，コマの移動で得られる配置の表現方法を決めておく．空いた場所は必ず右下に作ることにして，3 個のコマを左から時計回りに読んでいく．すると，図 5.4 の配置は "１２３" となる．ここに，3 個の数字を "□" でくくっ

1	2
3	

図 5.4

たのは，それが配置の表現であること示すためである．以下では，とくに断らない限り，配置をこの形式で表現する．

　いま，図5.4の配置からコマの移動で得られる配置をすべて作ると，最初の配置のままのものも含めて

　　　　　"1　2　3"，　　"3　1　2"，　　"2　3　1"

の3通りとなる．しかし，任意の2個のコマを盤から取り出して，それを入れ替えてもよければ，さらに

　　　　　"1　3　2"，　　"2　1　3"，　　"3　2　1"

の3通りがあるので，盤上の移動で作れる配置はちょうど半分である．この特徴はどう説明すればよいか．これが最初のポイントである．

　いま，数字を小さい順に並べた"123"を基準として，他の二つの配置に対する2個ずつの数字の順序を考える．すると，"312"に対しては，3と1は**逆順**，3と2は逆順，1と2は**正順**となるので，逆順のものが2組ある．また，"231"に対しては，2と3は正順，2と1は逆順，3と1は逆順となるので，やはり逆順のものが2組ある．さらに，基準と考えた"123"に対しては，逆順のものが0組と解釈すれば，どれも逆順のものが偶数組ある．一方，コマを盤から取り出さなければ作れない配置を考えると，まず"132"に対しては，1と3は正順，1と2は正順，3と2は逆順となるので，逆順のものが1組ある．また，"213"に対しては，2と1は逆順，2と3は正順，1と3は正順となるので，やはり逆順のものが1組ある．さらに，"321"に対しては，3と2が逆順，3と1が逆順，2と1が逆順となるので，逆順のものが3組ある．こうして，どれも逆順のものが奇数組ある．

　ここで，数字の並べ方に対して，正順と逆順の個数に基づく一般の定義をしておく．1からnまでのn個の数字を任意に並べたとき，その中の2個ずつの数字をすべて比べて，逆順のものが何組あるかを数える．そして，これが偶数組あれば**偶順列**の並び方，奇数組あれば**奇順列**の並び方と呼ぶ．ただし，この表現が煩わしいときは，単に偶順列，奇順列と呼ぶ．すると，3ゲームの図5.4の配置は偶順列の並び方である．また，コマを盤上で移動しても，やはり偶順列の並び方になる．これは，偶順列の並び方からは偶順列の並び方しか得られないことを示している．これと同じ考察をすれば，最初の配置が奇順列の並び方のときは，それから得られる配置は奇順列の並び方に限られることがわかる．これはきわめて大切な性質で，次の5ゲームでも同じ特徴が現れる．

5ゲームは3ゲームを拡張したもので，図5.5のように，縦を2個，横を3個にした長方形の盤上での移動ゲームである．このゲームでは，中央の上下のマスのどちらかを空けると，その間での移動ができる．このため，3ゲームよりは複雑になる．

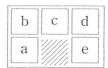

図5.5   図5.6

まず，コマの移動で得られる配置の表現方法を決めるため，図5.6のように，下の中央のマスを必ず空けることにする．他のマスが空いているときは，それを時計回りにそっくり回転して，下の中央のマスを空けるようにすればよい．そして，これを左下から時計回りに"ａｂｃｄｅ"とかく．すると，盤上での移動で得られる配置はどのような特徴をもつか．3ゲームと同じように，これを偶順列と奇順列の観点から捉えてみる．

これには，どのマスからどのマスに移動できるかを見やすい形に表しておくことが賢明である．図5.7はそのためのもので，図5.6と本質的に同じである．ただし，コマが移動できる通路を線で結んだため，どのように移動するかが簡潔に求まる．まず，周囲の円周上でコマを順次に移動させると，それから作れる配置は

    "ａｂｃｄｅ"
    "ｅａｂｃｄ"
    "ｄｅａｂｃ"
    "ｃｄｅａｂ"
    "ｂｃｄｅａ"

図5.7

の5種類である．ここで，1番目の配置は偶順列（または奇順列）であるとして，2番目の配置が偶順列，奇数順列のどちらになるかを調べると，正順と逆順が入れ替わる2数はａとｅ，ｂとｅ，ｃとｅ，ｄとｅの4組で，その他の組は無関係である．このため，逆順の個数は偶数個だけ増減し，"ｅａｂｃｄ"も偶順列(または奇順列)になる．この説明で納得できない読者は，次のように考えればよい．

ａとｅ，ｂとｅ，ｃとｅ，ｄとｅの4組の中に，正順の2数がk組，逆順の2数

が $4-k$ 組あったとする．すると，e を左端に移すことによって，正順の 2 数が $4-k$ 組，逆順の 2 数が k 組になる．これによって，逆順の 2 数の増減は

$$\pm\{(4-k)-k\}=\pm2(2-k)$$

となる．これは，"ａｂｃｄｅ" が偶順列ならば "ｅａｂｃｄ" も偶順列，奇順列ならば "ｅａｂｃｄ" も奇順列であることを示す．すると，

$$\text{"ａｂｃｄｅ"} \to \text{"ｅａｂｃｄ"}$$
$$\text{"ｅａｂｃｄ"} \to \text{"ｄｅａｂｃ"}$$
$$\text{"ｄｅａｂｃ"} \to \text{"ｃｄｅａｂ"}$$
$$\text{"ｃｄｅａｂ"} \to \text{"ｂｃｄｅａ"}$$
$$\text{"ｂｃｄｅａ"} \to \text{"ａｂｃｄｅ"}$$

の移動もすべて同じ関係にあるので，円周上での回転は偶順列を偶順列に移し，奇順列を奇順列に移すことになる．

　次に，図 5.7 の直径上の移動を考える．いま，c を直径上に向かい合うマスに移動したのち，d，e，c を順次反時計回りに詰めると，得られる配置は "ａｂｄｅｃ" になる．これは，最初の "ａｂｃｄｅ" から見ると，c を 2 マスだけ右に移したことと同じである．これによって正順と逆順が入れ替わる 2 数は，c と d，c と e の 2 組だけである．このため，逆順の個数は偶数個だけ増減し，"ａｂｃｄｅ" が偶順列ならば "ａｂｄｅｃ" も偶順列，奇順列ならば奇順列になる．すると，直径上での移動をいくら繰り返しても，偶順列は偶順列，奇順列は奇順列となって，順列の奇偶は不変である．

　以上をまとめると，図 5.7 の移動では，円周上と直径上の移動をどのように組み合わせても，順列の奇偶は絶対に変わらないという結論になる．しかし，これですべてが終わったわけではない．"ａｂｃｄｅ" の配置から出発したとき，すべての偶順列が作れるかという問題が残されている．これを調べるため，まず偶順列と奇順列が何個ずつあるかを数える．

　1 から n までの数を並べると，その並べ方は全部で

$$P_n=n\times(n-1)\times(n-2)\times\cdots\cdots\times3\times2\times1=n!\ \text{通り}$$

ある．これは最初にくる数字は n 通り，次にくる数字は $n-1$ 通り，その次にくる数字は $n-2$ 通り，……，最後にくる数字は 1 通りとなって，可能性が 1 ずつ減っていくからである．

　いま，この中に偶順列が N 個，奇順列が M 個あったとし，偶順列から任意に 1 個を取り出す．これの最初と 2 番目の数字を入れ替えると，正順と逆順が

入れ替わるのはその 2 個の間だけなので，得られたものは奇順列である．ところが，この方法で得られる奇順列は，もとの偶順列が違っていれば，確実に違ったものとなる．こうして，

$$N \leqq M$$

が成り立つ．次に，奇順列から任意に 1 個を取り出し，これの最初と 2 番目の数字を入れ替えてみる．すると，正順と逆順が入れ替わるのはその 2 個の間だけなので，得られたものは偶順列である．ところが，この方法で得られる偶順列は，もとの奇順列が違っていれば，確実に違ったものとなる．こうして，

$$M \leqq N$$

が成り立つ．この二つの式から

$$N = M$$

となり，n を 2 以上の整数とするとき，偶順列と奇順列の個数はいつでも等しくなる．なお，P_n を使えば，

$$N = M = \frac{n \times (n-1) \times \cdots\cdots \times 3 \times 2 \times 1}{2} = \frac{P_n}{2} = \frac{n!}{2}$$

となる．

　5 ゲームでは 5 個の数字を使うので，$n = 5$ を代入すると，偶順列と奇順列の個数は

$$N = M = \frac{5 \times 4 \times 3 \times 2 \times 1}{2} = \frac{120}{2} = 60$$

となる．この中には a，b，c，d，e で始まる配置が同数ずつ含まれているので，a で始まる偶順列は 60 ÷ 5 = 12 個となり，それを拾い出すと

　　① "ａｂｃｄｅ"，　② "ａｂｄｅｃ"，　③ "ａｂｅｃｄ"
　　④ "ａｃｂｅｄ"，　⑤ "ａｃｄｂｅ"，　⑥ "ａｃｅｄｂ"
　　⑦ "ａｄｂｃｅ"，　⑧ "ａｄｃｅｂ"，　⑨ "ａｄｅｂｃ"
　　⑩ "ａｅｂｄｃ"，　⑪ "ａｅｃｂｄ"，　⑫ "ａｅｄｃｂ"

となる．以下では，これらがすべて "ａｂｃｄｅ" からの移動で作れることを具体的な移動で示す．なお，さらに高度な方法はあとの節で説明する．

　すでに指摘したように，ある数字を直径上に向かい合うマスに移動させるということは，2 マス右に移したことと同じである．これは，逆の方向に数えると 2 マス左に移したこととも同じなので，たとえば①から②への移動を

　　① "ａｂｃｄｅ" → c →② "ａｂｄｅｃ"

で表し，cが2マス右（または左）に移動したと解釈する．また，①から④への移動を

　　　① "a b c d e" → e, c →④ "a c b e d"

で表し，まずeを移動して

　　　"a b c d e" → "a b e c d"

としたのち，次にcを移動して

　　　"a b e c d" → "a c b e d"

としたと解釈する．この表現で他の配置も調べると，移動回数の少ない順に

　　　① "a b c d e" → e →③ "a b e c d"
　　　① "a b c d e" → b →⑤ "a c d b e"
　　　① "a b c d e" → b, e →⑥ "a c e d b"
　　　① "a b c d e" → b, c →⑦ "a d b c e"
　　　① "a b c d e" → d, b →⑧ "a d c e b"
　　　① "a b c d e" → d, e →⑨ "a d e b c"
　　　① "a b c d e" → e, b →⑪ "a e c b d"
　　　① "a b c d e" → e, d, e →⑩ "a e b d c"
　　　① "a b c d e" → e, b, d →⑫ "a e d c b"

となる．すると，たとえば⑦から⑧への移動は，①を介して

　　　⑦ "a d b c e" → c, b →① "a b c d e"
　　　① "a b c d e" → d, b →⑧ "a d c e b"

と表されるので，移動回数さえ問題にしなければ，

　　　⑦ "a d b c e" → c, b, d, b →⑧ "a d c e b"

とすることができる．こうして，盤上のコマの移動で，どの偶順列からどの偶順列への移動も可能となる．これで，5ゲームの考察は完全に終わる．

5.3　2×n 盤による 2n−1 ゲーム

　3ゲームと5ゲームがあれば，その一般化として2n−1ゲームも当然考えられる．縦を2個，横をn個にした2×nの長方形の盤上での移動ゲームで，1から2n−1までの数字を記入した2n−1個のコマを置く．また，残りの1個は移動のための空いたマスである．図5.8は2×8の盤を示したもので，1から15までの数字の代わりにaからoまでの文字を記入した15個のコマが入っている．ただし，コマの配置の表現方法を決めるため，左から4番目の下側のマス

d	e	f	g	h	i	j	k
c	b	a	░	o	n	m	l

図 5.8

を空けてある．この配置を a から時計回りに読んで，

"a b c d e f g h i j k l m n o"

と表す．もし，他のマスが空いていれば，それをそっくり時計回りに回転させ
ればよい．なお，一般の 2×n の盤でも 2×8 の盤とほとんど変わりないので，
不必要な煩雑さを避けるため，以下では 2×8 の盤を中心として考える．

コマの移動を考えるには，図 5.7 と同じ形の表示をしておくと便利である．
ただし，こんどはどの縦の方向にも移動できるので，それを加味する必要があ
る．図 5.9 はそれを示したもので，円周上の回転のほかに，6 本の弦に沿った
移動が含まれている．これらは縦の移動を表すもので，図 5.8 と比べれば，本
質的に同じであることがわかる．

図 5.9 を見ると，きわだった特徴のあることに気がつく．弦による移動では，
必ず偶数個のマスを飛び越している．あとの考察から明らかになるように，こ
のことは偶順列と奇順列の考察で決定的な役割を果たす．

まず，円周上の移動を考えるため，最後の o を左端に移動した

"o a b c d e f g h i j k l m n"

を考える．すると，正順と逆順が入れ替わるのは，文字 o とその他の文字との
間だけなので，a から n までを数えると 14 組になる．このため，すでに調べた

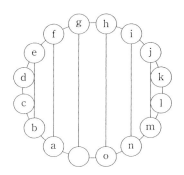

図 5.9

ように，この移動は偶順列を偶順列に移し，奇順列を奇順列に移す．すると，この配置の最後にあるｎを左端に移動したものや，さらにｍを左端に移動したものなども，すべて同じ特徴をもつ．こうして，円周上で順次にコマを移動させたときは，どのような回転でも，偶順列は偶順列に移し，奇順列は奇順列に移すことになる．

　次に，弦に沿っての移動を考える．これは，どの弦を利用するかに応じて，順に右に2マス，4マス，6マス，8マス，10マス，12マス飛び越し，逆方向に数えれば，左に12マス，10マス，8マス，6マス，4マス，2マス飛び越すことになる．すると，$2k$ 個のマスを飛び越したときは，正順と逆順が $2k$ 回入れ替わるので，やはり，偶順列は偶順列になり，奇順列は奇順列になる．

　これらの考察から，円周上の回転と弦に沿っての移動をどのように組み合わせても，偶順列からは偶順列，奇順列からは奇順列にしか移らないことがわかる．なお，弦に沿っての移動を簡単に補足すると，2マス飛び越す弦が1本あれば，他の5本の弦はすべて不要である．2マス飛び越す移動を何回か重ねれば，4マス，6マス，8マスなどの偶数個のマスを飛び越す移動はいつでも合成できるからである．

　では，円周上の回転と弦に沿っての移動だけで，どの偶順列からどの偶順列にも移すことができるか．これを解決すれば，$2 \times n$ の盤上の移動は完全に調べられたことになる．この問題は，まことにうまい考え方で簡単に解決できる．問題を説明しやすくするため，図5.8の配置を

$$L = \text{“a b c d e f g h i j k l m n o”}$$

で表し，これを偶順列とする．一方，任意の偶順列を X で表し，X から L に移動する具体的な手順を考える．

　まず，X の左端の文字を見て，これが a であれば，ただちに b の操作に移る．X の左端が a でなければ，図5.10の(a)か(b)の手順で a を左端に移動させる．どちらも a を左に2マスずつ飛び越していくもので，a が左から奇数番目のときは，図(a)のように左端にくる．a が左から偶数番目のときは，図(b)のよ

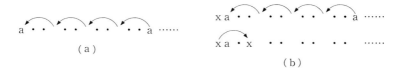

（a）　　　　　　　　　　（b）

図5.10

うに左から2番目にくる．このときは，左端のxを右に2マス飛び越せばよい．
次に，左から2番目の文字を見て，これがbであれば，ただちにcの操作に移
る．bでなければ，aと同じ操作でbを左から2番目に移動させる．c，d，e，
……についても同じ操作を繰り返すと，最後の2文字を除いて，XはLと同じ
配置になる．こうして，Xは

$$L = \text{“a b c d e f g h i j k l m n o”}$$
$$L' = \text{“a b c d e f g h i j k l m o n”}$$

のどちらかとなるが，確実に前者のLになることが保証される．これを示すに
は，まず前者のLは偶順列であることを思い出す．すると，後者のL'は最後の
nとoを入れ替えただけなので奇順列となる．また，Xも任意の偶順列を想定
していた．ところが，Xからの移動はすべて2マスずつの飛び越しである．こ
のため，Xから移れるのは偶順列だけで，奇順列のL'に移ることはあり得な
い．こうして，左に2マス飛び越す移動だけあれば，どの偶順列からどの偶順
列にも移ることができる．この最後のところの証明がまことに見事である．

5.4 15ゲームの数理

　これまでの結果を利用すると，15ゲームの場合も簡単に解ける．15ゲームで
は，4×4の盤に15個のコマを入れるので，これらをaからoまでの15個の文
字で表す．また，コマの配置の表現方法を決めるため，図5.11のように，空い
たマスを左下の右隣りに作る．そして，図5.12のように一巡のコースを作り，
これに沿ったコマの並び方を配置の表現とする．このとき，他のマスが空いて
いれば，それをそっくり一巡コースに沿って回転させればよい．こうすると，
図5.11の配置は

　　　　"a b c d e f g h i j k l m n o"

図5.11

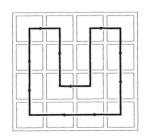

図5.12

となる.

　コマの移動を考えるには,一巡コースに沿ったマスをその順に円周上に並べ,その他の経路は弦で表現すればよい.図5.11 を参照すると,どのコマも縦と横に移動できるので,一巡コース以外にbのマスとgのマス,cのマスとfのマス,eのマスとjのマス,fのマスとiのマス,gのマスと空いたマス,hのマスとoのマス,hのマスとmのマス,iのマスとlのマスの8組の経路がある.これらの経路も加えると,図5.9 に対応して図5.13 が作られる.これを見ると,弦にそった移動は2マス飛び越すか,4マス飛び越すか,6マス飛び越すかのどれかで,すべて偶数個のマスを飛び越している.また,逆の方向に数えても,それぞれ12マス,10マス,8マス飛び越すことになり,やはり偶数個のマスを飛び越している.このため,これまでの考察から明らかなように,偶順列からは偶順列,奇順列からは奇順列にしか移れないことになる.

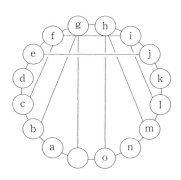

図5.13

　ここで,冒頭の図5.2 の配置を見ると,図5.12 に基づく表現では

　　　"13, 9, 5, 1, 2, 6, 10, 11, 7, 3, 4, 8, 12, 15, 14"

となる.この表現に対して逆順になる2数の組を数えると,多少は煩雑になるが,全部で37組となる.一方,図5.3 の配置は,14 と 15 を入れ替えたものなので,

　　　"13, 9, 5, 1, 2, 6, 10, 11, 7, 3, 4, 8, 12, 14, 15"

となる.これについても逆順になる2数の組を数えると,1組だけ少ない36組となる.

　こうして,図5.2 の配置は奇順列,図5.3 の配置は偶順列となることがわかったので,図5.3 の配置を図5.2 の配置に移すことは,偶順列を奇順列に移す

問題となる．これが不可能なことはもはや明らかである．

　なお，どの偶順列からどの偶順列にも移れることは，前の節の考え方とまったく同じ方法で示される．

5.5　15ゲームの一般化

　3ゲームは2×2の盤，5ゲームは2×3の盤，15ゲームは4×4の盤を使ったが，その一般化として，当然 $m \times n$ の盤を使うことが考えられる．とくに，3×3や5×5の盤などの（奇数）×（奇数）の盤では，すべてのマスを一巡するコースが作れないので，これまでの方法はそのままでは使えない．まず，このことを示しておく．いま，3×5の盤を考え，すべてのマスを市松模様で塗り分ける．図5.14はその結果で，白いマスが8個，斜線のマスが7個ある．ところが，一巡コースを作るには，白いマスと斜線のマスを交互に経由していく必要がある．これでは，一巡コースの作れるわけがない．こうして，これまでの方法がそのままの形で適用できるのは，（偶数）×（偶数）の盤か（偶数）×（奇数）の盤のどちらかで，（奇数）×（奇数）の盤には適用できないことになる．では，（奇数）×（奇数）の盤に対する考え方は変わるかというと，わずかの修正ですむ．この節では，これまでの総まとめとして，この問題を考える．

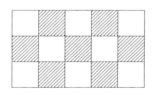

図 5.14

　以下で調べるのは（奇数）×（奇数）の盤を使ったゲームであるが，ごく単純な3×5の盤を対象としても，考え方はまったく同じである．このため，無用の煩雑さを避けるため，3×5の盤を調べる．なお，一般の $m \times n$ の盤には，（偶数）×（偶数）の盤や（偶数）×（奇数）の盤も含まれるが，一巡コースができるため，前の節の（4×4の盤の）15ゲームの方法がそのまま踏襲できる．このことは，読者自身で確かめていただきたい．

　3×5の盤には14個のコマを入れるので，これらをａからｎまでの文字で表す．また，コマの配置の表現方法を決めるため，図5.15のように，空いたマスを右下に作る．そして，図5.16の矢印にそって，すべてのマスを1度ずつ通る

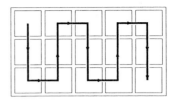

図 5.15　　　　　　　　　　　　図 5.16

一方向のコースを作る．そして，図 5.16 の配置を

“ a b c d e f g h i j k l m n ”

で表す．このとき，他のマスが空いていれば，コマの移動方法を適当に決めて，空いたマスを右下に移せばよい．たとえば，空いたマスが右端にないときは，まずそのマスの右にあるコマをすべて左に移動する．次に，空いたマスが下段にないときは，そのマスの下にあるコマをすべて上に移動する．こう決めれば，いつでも確実に空いたマスが右下にくる．

　コマの移動を考えるには，図 5.16 のままでは不便である．そこで，前と同じように 15 個のマスを円周上に並べ，その他の経路を弦で表現する．これによる結果が図 5.17 で，前の図とほぼ同じ形の表現となる．ただし，一巡コースは存在しないので a のマスと空いたマスを結ぶ弧はない．しかし，弦に沿った移動が何個のマスを飛び越すかは，前と同じように数えられる．それを見ると，2 マスと 4 マスを飛び越す移動だけである．しかも，a のマスと空いたマスの間が切れているため，逆方向からの数え方はない．こうして，どちらも偶数個のマスを飛び越すことになり，それをどのように組み合わせても，偶順列からは偶

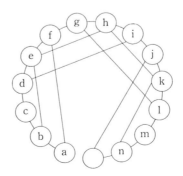

図 5.17

順列，奇順列からは奇順列しか作れないことがわかる．

　ここに示した方法は，（偶数）×（偶数），（偶数）×（奇数），（奇数）×（奇数）のどの盤にも適用できる一般的な方法で，じつは$2 \times n$の盤や4×4の盤に対しても，一巡コースを考える必要はなかったのである．ただ，この方法をいきなり使うと，戸惑う読者もいると思って，やさしい考え方をまず説明した．なお，任意の$m \times n$の盤に対しても，偶順列からは偶順列，奇順列からは奇順列しか作れない．このことは，これまでの考察からほとんど明らかであろう．

　最後に，もう少し高度の勉強をする読者のために，偶順列と奇順列に対する補足を加えておく．数学では，n個の文字を並べ替えることを**置換**と呼ぶ．この置換の概念を使うと，偶順列を偶順列に移したり，奇順列を奇順列に移す置換は偶置換となり，奇順列を偶順列に移したり，偶順を奇順列に移す置換は奇置換となる．偶置換と奇置換の間には偶数と奇数の足し算に似た関係があって，

　　　　（偶置換）と（偶置換）の積＝（偶置換）

　　　　（奇置換）と（奇置換）の積＝（偶置換）

　　　　（偶置換）と（奇置換）の積＝（奇置換）

　　　　（奇置換）と（偶置換）の積＝（奇置換）

が成り立つ．ここに，積は二つの置換をその順序で続けて行うことで，この節の例でいえば，2マス飛び越したあとに4マス飛び越すというようなものである．偶置換と奇置換を使うと，偶順列と奇順列の扱い方はいっそう明解になる．しかし，これには置換の理論を少し説明する必要があるので，この節ではすべて省略した．興味ある読者は『群論』または『有限群論』の本を参照されることを希望する．

第6章
石取りゲーム

6.1 ごく簡単な石取りゲーム

　これまでのゲームは，すべて1人で楽しむゲームである．これは第1章の冒頭で述べたように，ソリテアと呼ばれるゲームに属する．しかし，ゲームには2人や3人で勝負を争うものもある．この中には，トランプやマージャンのように，好運を期待するゲームもあれば，囲碁や将棋のように，実力を争うゲームもある．好運を期待するゲームと実力で争うゲームでは，どちらが数学的に難解かは一概に断定できないが，数学の扱い方はまったく変わってくる．前者のゲームでは，チャンスをどう捉えるかがポイントになり，必然的に確率論が強力な武器となる．しかし，後者のゲームでは，偶然が入り込む余地はまったくなく，必勝法の探索が課題となる．この本では，実力を争うゲームを対象とするが，その理由は二つある．一つは，好運を期待するゲームを扱うには，それなりの予備知識が必要で，それまで含めると優に1冊の本になる．このため，別の機会に改めて執筆したいと考えている．もう一つは，実力を争うゲームには，美しい数理を秘めたゲームが非常に多く，しかもやさしく解説できるからである．とくに，2人で争うゲームには，その傾向のものが少なくない．そこで，2人で争うゲームに限定し，背後の数理を探っていく．なお，ルールが単純なゲームだけを取り上げるので，個々のゲームは知らなくてもよい．必要があれば，ゲームを紹介するたびに争い方のルールも説明する．この意味では，気軽に読み進むことができるはずである．

　最初に取り上げるのは簡単な石取りゲームで，2回か3回やれば，小学生にも必勝法が会得できる．しかし，こういう単純なゲームでないと，必勝法に対する痛快な考え方が理解しにくい．ふつう，この考え方を研究者の名にちなんで「**グランディーの方法**」と呼んでいるが，じつはスプラーグという数学者がそのまえに研究していた．このため，本来ならば「**スプラーグの方法**」と呼ぶ

べきであるが, そういうことは問題にしない. 要は, その考え方をしっかり理解することである.

　ここに何個かの碁石がある. これを A と B の 2 人が次の規則で交互に取り合って, 最後に取った者が勝ちである. その規則とは, 自分の手番になったとき, 1 個から 3 個の間で必ず石を取るというものである. たとえば, 10 個の石があったとして,

開始前……………………10 個

A が 3 個取る……残り 7 個

B が 2 個取る……残り 5 個

A が 1 個取る……残り 4 個

B が 1 個取る……残り 3 個

A が 3 個取る……残り 0 個

となれば, A の勝ちである.

　このゲームには必勝法がある. 残っている石の個数を 4 で割り, 余りの数だけ石を取ればよい. うえの例では, 先手の A はまず 10 個の石を 4 で割り, 余りの 2 個を取る. これで, 残りは 8 個となる. すると, B は 1 個から 3 個の間でしか石を取れないので, どう取っても残りは 5 個から 7 個の間に入る. そこで A は, B が 1 個取ったときは 3 個, 2 個取ったときは 2 個, 3 個取ったときは 1 個取ることによって, 残りを 4 個にできる. すると, B は残りを 1 個から 3 個の間にするしかなく, A は次にそれをすべて取って勝ちとなる. ところが, もし開始前の石が 4 で割り切れれば, A は残りの石を 4 で割り切れるようにすることができないため, A と B の立場は逆転する. すなわち, 後手の B に必勝法があることになる.

　このゲームの特徴を正確に記述するため, 残りの石が 4 で割り切れるときを「**G の状態**」, 割り切れないときを「**N の状態**」と呼ぶ. すると, G と N の状態を用いたとき, 以下の「**G の条件**」が成り立つことは明らかである. ここに, G はグランディー (Grundy) の頭文字で, 今後もたびたび引用する.

［**G の条件**］

　I. 石が 1 個も取れない最終の状態は G の状態である.

　II. N の状態が手番のときは, 石をうまく取ると G の状態にできる.

　III. G の状態が手番のときは, 石をどう取っても N の状態になる.

　IV. ゲームは有限回で確実に終わる.

　Gの条件が成り立つということは，ゲームに必勝法が存在するということである．自分の手番のとき，何個かの石を取ってGの状態にできれば，確実に勝つことができる．というのは，いったんGの状態にできれば，そのあとも石をうまく取ることによって，Gの状態を維持し続けることができるからである．すると，最後は石を1個も取れないGの状態にまで達し，相手の負けが決定する．

　いまのゲームでは取れる石の個数は3個までだったが，ゲームのルールをm個までの石が取れるように拡張しても，GとNの状態は，同じように定義できる．石の個数を$m+1$で割り，割り切れるときはGの状態，割り切れないときはNの状態とすればよい．すると，こちらの手番でn個の石があったときは，それを$m+1$で割り，余りの石をすべて取る．そのあとは，相手がk個（$1 \leqq k \leqq m$）の石を取れば，こちらは$m-k+1$個を取る．こうすれば，いつでも相手の手番をGの状態に維持できる．

　次に，ルールを少し修正して，『直前に相手が取った石と同数の石は取れない』という禁じ手を作る．つまり，先ほどの"1度に取れる石の個数は3個まで"としたゲームにおいては，相手が1個取ったときはこちらは2個か3個，2個取ったときは1個か3個，3個取ったときは1個か2個の石しか取れないようにする．すると，4個の石を残しても，相手はその中の2個の石を取ってくる．こちらは2個の石を取れないので，これまでの作戦は台なしに見える．しかし，この場合は大丈夫である．その中の1個を取って，残りの石を1個にする．すると，今度は禁じ手が邪魔をして，相手も残りの1個を取れなくなる．すなわち，相手は石を1個も取れなくなったわけで，こうして，辛くもこちらの勝ちとなる．

　禁じ手のあるゲームに対しては，GとNの状態を次のように求める．まず，GとNの状態は何個の石が残っているかだけではなく，直前に取った石の個数にも関係することに注意する．そこで，直前にk個の石を取ったという条件で，残りの石がn個になったときの状態を$s(n \mid k)$で表す．nとkの間の縦棒（$\mid$）は，そのまえが状態，そのあとが条件を表す常用の記法である．すると，残りの石がなくなれば，石を取ることは不可能なので，

$$s(0 \mid 1), \quad s(0 \mid 2), \quad s(0 \mid 3) \quad \cdots\cdots \text{Gの状態}$$

は明らかである．また，1個の石が残っていても，直前に取った石が1個であれば，禁じ手によって取ることはできない．このため，

n＼k	1	2	3
0	G	G	G
1	G		
2			

（a）

n＼k	1	2	3
0	G	G	G
1	G	N	N
2			

（b）

n＼k	1	2	3
0	G	G	G
1	G	N	N
2	N	N	N

（c）

図 6.1

$$s(1\mid1)\ \cdots\cdots\ \text{G の状態}$$

となる．図 6.1（a）はこれを表にして示したもので，どれもゲームが終了したときの状態を示している．

一方，1 個の石が残っていても，直前に取った石が 2 個か 3 個であれば，残りの 1 個を取ることができる．これは，$s(1\mid2)$ や $s(1\mid3)$ の状態からは G の状態の $s(0\mid1)$ に移す手があることを示すので，これらは N の状態にほかならない．こうして，

$$s(1\mid2),\ s(1\mid3)\ \cdots\cdots\ \text{N の状態}$$

となり，図 6.1（b）を得る．次に，2 個の石が残っているときは，直前に取った石が 2 個以外であれば，2 個の石を取って G の状態（$s(0\mid2)$）に移すことができる．また，直前に取った石が 2 個であれば，2 個の石は取れないが，1 個の石は取ることができる．これによって，$s(1\mid1)$ の状態になるので，やはり G の状態に移すことができる．こうして，

$$s(2\mid1),\ s(2\mid2),\ s(2\mid3)\ \cdots\cdots\ \text{N の状態}$$

となり，図 6.1（c）を得る．

この操作を続ければ，$s(n\mid k)$ が G，N のどちらの状態であるかは，n が小さいものから順に決まっていく．しかし，同じ方法を続けると，労力も相当なうえ，どこまで続くかの見当もつかない．そこで，もっと効率的な方法を考え

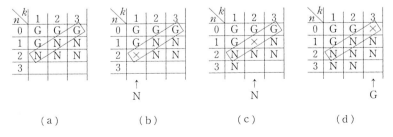

図 6.2

る．図6.2は，3個の石が残っているときの具体的な手順を示すもので，4個や5個，一般の n 個の石が残っているときにも適用できる簡明な方法である．大切なので，少し丁寧に説明する．

　3個の石が残っているとき，もし禁じ手がなければ，1個から3個までのどれでも取れる．すると，1個，2個，3個のそれぞれに応じて，状態は

$$s(2 \mid 1),\ s(1 \mid 2),\ s(0 \mid 3)$$

に移る．図6.2(a)はこれを示したもので，移れる状態は太枠で囲んだ右上がりの線上にのる．ところが，実際は禁じ手を作ったので，直前に取った石と同数の石は取れない．こうして，三つの中の一つには移れない．このため，直前に1個の石を取った状態，つまり $s(3 \mid 1)$ のときは，$s(2 \mid 1)$ に移ることは許されない．図6.2(b)はこれを示したもので，移ることのできない状態を×印で示してある．これを見ると，GとNのどちらの状態にも移ることができる，すなわちGの状態に移りえるので，$s(3 \mid 1)$ はNの状態になる．次に，直前に2個の石を取った状態，つまり $s(3 \mid 2)$ のときは，$s(1 \mid 2)$ に移ることは許されない．図6.2(c)はこれを示したもので，やはりGとNのどちらの状態にも移ることができる．こうして，$s(3 \mid 2)$ はNの状態となる．最後に，直前に3個の石を取った状態，つまり $s(3 \mid 3)$ のときは，$s(0 \mid 3)$ に移ることは許されない．図6.2(d)はこれを示したもので，移ることのできるのはNの状態だけである．これは $s(3 \mid 3)$ がGの状態であることを示す．

　この操作をよく見ると，同じ手順は一般の $s(n \mid k)$ にも適用できることがわかる．$s(n \mid k)$ を調べるときは，すぐ上段の $s(n-1 \mid 1)$ から右上がりの線上に

$$s(n-1 \mid 1),\ s(n-2 \mid 2),\ s(n-3 \mid 3)$$

を見て，それらにG，Nのどちらが記入されているかを確かめる．

　ただし，$s(n-k \mid k)$ へ移るのは禁じ手なので，実際に見るのは残りの二つだけでよい．そして，その中にGが一つでも含まれていればN，一つも含まれていなければGを記入する．この操作は右上がりの3個の枠内を見るだけなので，1回ごとの操作は単純である．こうして，n が11になるまで記入した表が図6.3(a)である．

　この図を見ると，GとNの配列が周期的に繰り返されていることに気がつく．図6.3(b)はそれを示したもので，右上がりの4段を1組と見ると，2段目から5段目までと6段目から9段目までがまったく同じである．すると，直前

n\k	1	2	3
0	G	G	G
1	G	N	N
2	N	N	N
3	N	N	N
4	G	G	G
5	G	N	N
6	N	N	N
7	N	N	G
8	G	G	G
9	G	N	N
10	N	N	N
11	N	N	G

（a）

n\k	1	2	3
0	G	G	G
1	G	N	N
2	N	N	N
3	N	N	N
4	G	G	G
5	G	N	N
6	N	N	N
7	N	N	G
8	G	G	G
9	G	N	N
10	N	N	N
11	N	N	G

（b）

図 6.3

の 3 段によってそれ以後の配列は完全に決まるので，12 段目以降は作る必要も見る必要もない．これは非常に大切な性質であるが，決して偶然に得られたものではない．最初の 3 段を G と N のどのような配列から出発しても，周期性は確実に現れる．このことは，次のように説明できる．

　G と N を 9 個の枠に記入する仕方は，どの枠も G か N の 2 通りなので，全部で

$$2^9 = 512 \text{ 通り}$$

ある．このため，たとえ G と N をデタラメに記入しても，515 段までとれば，3 段の枠内に記入された 9 個の文字を 1 組とするとき，まったく同じ配列が最低でも 2 組は現れる．そして，ひとたび同じ配列の組が現れると，そのあとの記入の仕方は 1 通りに決まるので，確実に周期的な配列となる．

　なお，図 6.3(a) で与えられた G と N が "G の条件" を満たすことは，ほとんど明らかである．この図の記入の仕方を振り返ると，G の状態に移ることのできるものには N を記入し，N の状態にしか移れないものだけ G を記入したからである．

6.2　禁じ手のある一つ山くずし

　一つ山くずしというのは，前の節で調べたように，一つの山に積まれた n 個の石から交互に石を取り合い，取れなくなった者が負けというゲームである．ただし，m 個までなら何個取ってもよいとすると，n を $m+1$ で割った余りを取るのが必勝法という単純なゲームとなる．このため，禁じ手を作って，石の

取り方を制限する．これが禁じ手のある一つ山くずしで，禁じ手としては，直前に相手が取った石と同数の石は取れないとするものや，取ってもよい石の個数を何種類かに制限するものなどがある．前者については，3個までの石を取れるとしたときはすでに調べたので，これを継承して，4個や5個までのときを調べてみる．しかし，後者については，紙数の関係で割愛する．

最初は，$m=4$ 個の石まで取れるときを調べる．これまでの記法を踏襲して，直前に k 個の石を取ったという条件で，残りの石が n 個になったときの状態を $s(n \mid k)$ で表す．すると，

$$s(0 \mid k), \quad (1 \leqq k \leqq 4) \cdots\cdots G \text{ の状態}$$

は明らかである．また，残りの石が1個のときは，直前に1個の石を取ったときだけが禁じ手に触れるので，

$$s(1 \mid 1) \cdots\cdots\cdots\cdots\cdots\cdots G \text{ の状態}$$
$$s(1 \mid k), \quad (2 \leqq k \leqq 4) \cdots\cdots N \text{ の状態}$$

も明らかである．さらに，残りの石が2個や3個のときも同じように考えると，図6.4(a)を得る．これと図6.1(c)を比べると，ほとんど同じであることがわかる．これを出発点として，図6.2の手順を参考にすると，図6.4(b)を得る．この表に周期性が現れたかどうかを調べると，4段目と9段目からの右上がりの線は同じになるが，次の5段目と10段目の右上がりの線は違っている．どうやら，周期性が現れるのはもっと先のようである．

n＼k	1	2	3	4
0	G	G	G	G
1	G	N	N	N
2	N	N	N	N
3	N	N	G	N

(a)

n＼k	1	2	3	4
0	G	G	G	G
1	G	N	N	N
2	N	N	N	N
3	N	N	G	N
4	N	N	N	G
5	G	G	G	G
6	N	N	N	N
7	N	N	N	N
8	N	N	N	N
9	N	N	N	N
10	G	G	G	G

(b)

図6.4

そこで，GとNを記入する操作をさらに続け，20段目まで進めてみる．この結果が図6.5(a)で，その右の図6.5(b)のように，3段目から6段目までの右上がりの4列と13段目から16段目までの右上がりの4列が完全に一致する．

n＼k	1	2	3	4
0	G	G	G	G
1	G	N	N	N
2	N	N	N	N
3	N	N	G	N
4	N	N	N	G
5	G	G	G	G
6	N	N	N	N
7	N	N	N	N
8	N	N	N	N
9	N	N	N	N
10	G	G	G	G
11	G	N	N	N
12	N	N	N	N
13	N	N	G	N
14	N	N	N	G
15	G	G	G	G
16	N	N	N	N
17	N	N	N	N
18	N	N	N	N
19	N	N	N	N
20	G	G	G	G

(a)

n＼k	1	2	3	4
0	G	G	G	G
1	G	N	N	N
2	N	N	N	N
3	N	N	G	N
4	N	N	N	G
5	G	G	G	G
6	N	N	N	N
7	N	N	N	N
8	N	N	N	N
9	N	N	N	N
10	G	G	G	G
11	G	N	N	N
12	N	N	N	N
13	N	N	G	N
14	N	N	N	G
15	G	G	G	G
16	N	N	N	N
17	N	N	N	N
18	N	N	N	N
19	N	N	N	N
20	G	G	G	G

(b)

図 6.5

すると，それに挟まれた 7 段目から 12 段目までの右上がりの 6 列も繰り返すはずなので，結局 3 段目から 12 段目までの右上がりの 10 列が周期的に繰り返すことになる．このため，この図に基づいて作戦を立てれば，一度でも G の状態にすることができたとき，そのあとも G の状態を維持し続けることができて，確実に勝ちに結びつけられる．

　図 6.5(a)を見ると，同じ段の 4 個の文字がすべて G になるのは，0 段，5 段，10 段，15 段，20 段のように，5 で割り切れる段である．これは当然のことで，直前に相手が取った石と同数の石は取れないという禁じ手を作っても，禁じ手がないゲームと実質的に同じになるからである．というのは，禁じ手がないときは，残りの石を $m+1=5$ で割り，余った石を取ればよかった．これは，相手が 1 個取ったときは 4 個，2 個取ったときは 3 個，3 個取ったときは 2 個，4 個取ったときは 1 個の石をとればよいわけで，禁じ手の制限に触れていない．こうして，禁じ手が有効となるのは，m を奇数にしたときだけであることがわかる．しかし，m が偶数のときも調べておけば，周期性の一般的傾向を推測するときは役に立つ．

　次は，$m = 5$ 個の石まで取れるとしたときのゲームであるが，G と N の状態についての考え方を知らない人には，かなりの難物である．たとえば，残った石を 6 で割り，その余りをすべて取るという常識的な手は，相手に 3 個取られると，その対策に困ってしまう．すぐあとの考察から明らかになるように，相手の手番に 6 個，12 個，18 個などの 6 で割り切れる個数を残しておくと，逆に相手のほうに必勝法が生まれてくる．この辺の事情を理解してもらうために，この先を読むまえに，できれば読者自身で少し検討してもらいたい．

　例によって，石の状態を表すのに $s(n \mid k)$ を使う．すると，石が 1 個もなくなれば，

$$s(0 \mid k), \quad (1 \leqq k \leqq 5) \cdots\cdots \text{G の状態}$$

は明らかである．また，残りの石が 1 個のときは，直前に 1 個の石を取ったときだけが禁じ手に触れるので，

$$s(1 \mid 1) \cdots\cdots\cdots\cdots\cdots\cdots\cdots \text{G の状態，}$$

n\k	1	2	3	4	5
0	G	G	G	G	G
1	G	N	N	N	N
2	N	N	N	N	N
3	N	N	G	N	N
4	N	N	N	G	N

図 6.6

n\k	1	2	3	4	5
0	G	G	G	G	G
1	G	N	N	N	N
2	N	N	N	N	N
3	N	N	N	G	N
4	N	N	N	G	N
5	N	N	N	N	G
6	N	N	N	N	N
7	G	G	G	G	G
8	N	N	N	N	N
9	N	N	N	N	N
10	N	N	N	N	N
11	N	N	N	G	N
12	N	N	N	N	G
13	G	G	G	G	G

（a）

n\k	1	2	3	4	5
14	G	N	N	N	N
15	N	N	N	N	N
16	N	N	G	N	N
17	N	N	N	N	N
18	N	N	N	N	G
19	N	N	G	N	N
20	G	G	G	G	G
21	G	N	N	N	N
22	N	N	N	N	N
23	N	N	N	N	N
24	N	N	N	G	N
25	N	N	N	N	G
26	G	G	G	G	G
27	G	N	N	N	N

（b）

図 6.7

$$s(1 \mid k), \quad (2 \leqq k \leqq 5) \cdots\cdots \text{N の状態}$$

も明らかである．さらに，残りの石が 2 個や 3 個のときについても調べると，G と N の状態は図 6.6 のようになる．これと図 6.4(a) を比べると，ほとんど同じであることがわかる．また，そのあとの状態も求めると，n が 27 までに対しては図 6.7 を得る．これを見ると，太枠で囲まれた 9 段目から 13 段目までの右上がりの 5 列と 22 段目から 26 段目までの右上がりの 5 列は完全に一致する．このため，9 段目から 21 段目までの 13 列は周期的に繰り返すことになる．ただし，この繰り返しに入る前に，準備段階ともいえる一時的な状態が 5 段目から 8 段目まである．この現象は，図 6.3 や図 6.4 では見られなかったもので，5 個まで取れるゲームがやさしくないことを示している．

　図 6.7 の各段を横に見ると，すべてが G になっているものがある．上から順に拾っていくと，

$$0 \text{ 段}, \quad 7 \text{ 段}, \quad 13 \text{ 段}, \quad 20 \text{ 段}, \quad 26 \text{ 段}, \quad \cdots\cdots$$

などとなるので，13 で割り切れるか，割った余りが 7 になるかのどちらかである．これは，自分の手番になったとき，残りの石を 13 で割り，余りを 0 か 7 にできれば確実に勝つことを示す．しかし，そのあとの石の取り方が単純でなく，1 回でも間違えば，途端に必勝の手順は相手に回る．

　たとえば，自分の手番で残りの石を 26 個にできたとして，そのあとの手順を考えてみる．もちろん，これは必勝の体勢に入ったことを意味するが，相手はどう出てくるかわからない．このため，どう出てきてもよいように，すべての対策を用意しておく必要がある．残りが 26 個のときは，相手が移すことのできる状態は，仮りに禁じ手を許しても，

$$s(25 \mid 1), \quad s(24 \mid 2), \quad s(23 \mid 3), \quad s(22 \mid 4), \quad s(21 \mid 5)$$

のどれかである．図 6.7 を見ると，これらの状態が自分の手番に回ってきたとき，G の状態に移すには，

$$s(25 \mid 1) \text{ のとき} \rightarrow s(20 \mid 5) \text{ の状態へ}$$
$$s(24 \mid 2) \text{ のとき} \rightarrow s(20 \mid 4) \text{ の状態へ}$$
$$s(23 \mid 3) \text{ のとき} \rightarrow s(18 \mid 5) \text{ の状態へ}$$
$$s(22 \mid 4) \text{ のとき} \rightarrow s(21 \mid 1), \ s(20 \mid 2), \ s(19 \mid 3) \text{ の状態へ}$$

とすればよい．$s(22 \mid 4)$ のときだけが 3 通りで，あとはすべて 1 通りである．いま，仮りに相手が石を 2 個取り，次にこちらが 4 個取って，残りが 20 個になったとする．ここで相手が 1 個取れば，こちらの手番は $s(19 \mid 1)$ の状態である．

すると，今度，この状態から G の状態に持ち込むには，

$$s(19\mid 1)\text{のとき} \to s(16\mid 3)\text{の状態へ}$$

のただ 1 通りしかなく，それ以外はすべて負けにつながる．このような取り方を間違いなく実行するには，図 6.7 の G と N を参照して，その通りに石を取っていくしかない．このゲームを実戦で争うときは，これに類する図を頭に描いて，ひとたび必勝の体勢に入ったときは，それを確実に実行することが大切である．さもないと，13 個ごとの周期になるとわかっていても，思い通りに進めることに失敗し，気がついたときは自分の手番が G の状態になっていたりする．

　次は，6 個まで取れる一つ山くずしである．これは，残りの石を 7 で割り，余りの石を取ればよいとわかっているが，図 6.7 と同じものを作って，周期性がどう現れるかを調べてみる．ただし，その作り方は何回も述べたので，図 6.8 に結果だけを示す．これを見ると，5 段目から 10 段目までの右上がりの 6 列と 33 段目から 38 段目までの右上がりの 6 列が完全に一致する．このため，5 段目から 32 段目までの 28 列が周期的に繰り返す．これは右上がりの最初の 28 列なので，図 6.7 のように準備段階としての一時的な状態は存在しない．また，すべてが G になる横の段を見ると，

$n \backslash k$	1	2	3	4	5	6
0	G	G	G	G	G	G
1	G	N	N	N	N	N
2	N	G	N	N	N	N
3	N	N	G	N	N	N
4	N	N	N	G	N	N
5	N	N	N	N	G	N
6	N	N	N	N	N	G
7	G	G	G	G	G	G
8	G	N	N	N	N	N
9	N	G	N	N	N	N
10	N	N	G	N	N	N
11	N	N	N	G	N	N
12	N	N	N	N	G	N
13	N	N	N	N	N	G
14	G	G	G	G	G	G
15	G	N	N	N	N	N
16	N	G	N	N	N	N
17	N	N	G	N	N	N
18	N	N	N	G	N	N
19	N	N	N	N	G	N
20	N	N	N	N	N	G
21	G	G	G	G	G	G
22	G	N	N	N	N	N
23	N	G	N	N	N	N
24	N	N	G	N	N	N
25	N	N	N	G	N	N
26	N	N	N	N	G	N
27	N	N	N	N	N	G
28	G	G	G	G	G	G
29	G	N	N	N	N	N
30	N	G	N	N	N	N
31	N	N	G	N	N	N
32	N	N	N	G	N	N
33	N	N	N	N	G	N
34	N	N	N	N	N	G
35	G	G	G	G	G	G
36	G	N	N	N	N	N
37	N	G	N	N	N	N
38	N	N	G	N	N	N
39	N	N	N	G	N	N

図 6.8

0 段，7 段，14 段，21 段，28 段，35 段，……

となって，すべて 7 で割り切れる．これは，残りの石を 7 で割り，余りの石を取ればよいことを示す．このとき，7 が奇数なので，その取り方を貫いても，相手が 1 個取ったときは 6 個，2 個取ったときは 5 個，3 個取ったときは 4 個，4 個取ったときは 3 個，5 個取ったときは 2 個，6 個取ったときは 1 個となって，禁じ手に触れることはない．

それにしても，周期が 7 ではなく，28 になるところが面白い．これはゲームの内容を詳細に分類したためで，勝つことだけが目的であれば，このような性質は見過ごしてしまう．

次は，7 個まで取れる一つ山くずしである．5 個まで取れるときの拡張で，かなり難解に感じるが，図 6.8 と同じ程度である．図 6.9 はその結果を示したもので，不思議なことに，n が 37 のときまでに周期を見ることができる．これを見ると，6 段目から 12 段目までの右上がりの 7 列と 31 段目から 37 段目までの 7 列が完全に一致する．このため，6 段目から 30 段目までの 25 列が周期的に繰り返し，準備段階としての一時的な状態はない．また，すべてが G になる横の段は

n＼k	1	2	3	4	5	6	7
0	G	G	G	G	G	G	G
1	G	N	N	N	N	N	N
2	N	N	N	N	N	N	N
3	N	N	G	N	N	N	N
4	N	N	N	G	N	N	N
5	N	N	N	N	N	N	N
6	N	N	N	N	N	N	N
7	N	N	N	N	N	N	G
8	N	N	N	N	N	N	N
9	G	G	G	G	G	G	G
10	N	N	N	N	N	N	N
11	N	G	N	N	N	N	N
12	N	N	N	N	N	N	N
13	N	N	N	N	N	N	N
14	N	N	N	N	N	N	N
15	N	N	N	N	N	N	N
16	N	N	N	N	N	N	N
17	G	G	G	G	G	G	G
18	G	N	N	N	N	N	N
19	N	N	N	N	N	N	N

n＼k	1	2	3	4	5	6	7
20	N	N	G	N	N	N	N
21	N	N	N	N	N	N	N
22	N	N	N	G	N	N	N
23	N	N	N	N	N	N	N
24	N	N	N	N	N	N	G
25	G	G	G	G	G	G	G
26	N	N	N	N	N	N	N
27	N	N	N	N	N	N	N
28	N	N	N	N	N	N	N
29	N	N	N	N	N	N	N
30	N	N	N	N	N	N	N
31	N	N	N	N	N	N	N
32	N	N	N	N	N	N	G
33	N	N	N	G	N	N	N
34	G	G	G	G	G	G	G
35	N	N	N	N	N	N	N
36	N	N	N	N	N	N	N
37	N	N	N	N	N	N	N
38	N	N	N	N	N	N	N
39	N	N	N	N	N	N	N

図 6.9

$$0 \text{ 段}, \quad 9 \text{ 段}, \quad 17 \text{ 段}, \quad 25 \text{ 段}, \quad 34 \text{ 段}, \quad \cdots\cdots$$

となって，25 で割ったときの余りが 0，9，17 のどれかになる．石の取り方は，5 個までのときと同じように，それほど簡単ではない．

たとえば，直前に相手が 1 個の石を取り，残りが 60 個になったときは，こちらの手番は $s(60 \mid 1)$ の状態である．これからは

$$s(60-k \mid k), \quad (2 \leqq k \leqq 7)$$

の 6 通りの取り方があるが，勝ちを保証するのは $s(55 \mid 5)$ の状態だけで，5 個の石を取る以外は負けにつながる．これを図 6.9 から読み取るには，まず 60 から 25 を引き，手番が $s(35 \mid 1)$ の状態であると考える．すると，

$$s(35-k \mid k), \quad (2 \leqq k \leqq 7)$$

の 6 通りの取り方の中で，$s(30 \mid 5)$ だけが G の状態である．よって，5 個の石を取ればよいことがわかる．

この節を終わるに当たって，一般に m 個までの石が取れるとしたときのゲームについて簡単に触れる．この結論は著者も得ていないが，これまでの延長線上にあるとすれば，どのくらい複雑になるかという見当はつく．図 6.10 はこれまでの結果をまとめたもので，左端から 2 番目と 3 番目の A と B は，右上がりの m 列が最初に一致するのは何段目から何段目までになるかを示す．たとえば m が 5 のときは，9 段目から 13 段目までの右上がりの 5 列と 22 段目から 26 段目までの右上がりの 5 列が最初に一致する．また，右端の増減は，m の増加につれて，周期がいくつ増えるか（減るか）を示す．なお，m が 2 のときは紹介しなかったが，ほどんど自明なので問題ない．これを見ると，それぞれの数値が複雑に入り組み，一筋縄ではいかないことが予想される．結論を得ていないというのは，この複雑さのためである．興味ある読者は，一般の m 個の

m	A	B	周期	増減
2	1〜2	4〜5	3	−
3	2〜4	6〜8	4	＋1
4	3〜6	13〜16	10	＋6
5	9〜13	22〜26	13	＋3
6	5〜10	33〜38	28	＋15
7	6〜12	31〜37	25	−3

図 6.10

ときに挑戦していただきたい.

6.3 二つ山くずし

　二つ山くずしというのは，石を二つの山に分け，次のルールで石を交互に取り合って，最後に石をとった者が勝ちというゲームである．まえの2節のゲームは石を一つの山に積んだので，一種の拡張に当たる．ルールは二つあって，

> 1．どちらか一方の山から石を取るときは，何個でも好きな数だけ取ってよい
>
> 2．二つの山から石を同時に取るときは，何個でもよいが必ず同じ数だけ取る

というものである．どちらも簡単なルールであるが，その必勝法を探るには数理の裏付けが必要である．なお，考案者の名をとって，このゲームを「ホワイトフのゲーム」と呼ぶことがある.

　前の節と同じように，一方の山に m 個の石，もう一方の山に n 個の石がある状態を $s(m, n)$ で表す．ただし，m と n を入れ替えても同じであるから，$m \leq n$ のときだけ調べれば十分である．このゲームでは，石が取れない状態は $s(0, 0)$ だけである．このため，

$$s(0, 0) \cdots\cdots \text{G の状態}$$

は明らかである．また，一方の山にしか石がないときは，そのすべてを一度に取ることができるので，

$$s(m, 0), \quad (m \geq 1) \cdots\cdots \text{N の状態}$$
$$s(0, n), \quad (n \geq 1) \cdots\cdots \text{N の状態}$$

も明らかである．さらに，二つの山に同数の石があるときは，それらを同時に取ることができるので，

$$s(n, n) \cdots\cdots \text{N の状態}$$

となる．こうして，それぞれの状態を G と N で表すと，図6.11のようになる．これを出発点として，すべてのマスを G か N で埋め尽くすことができれば，必勝法の手順は得られる.

　そこで，一般の $s(m, n)$ の状態を考えると，どちらか一方の山から k 個の石を取れば

$$s(m-k, n), \quad s(m, n-k)$$

の状態に移り，二つの山から同時に k 個ずつの石を取れば

m\n	0	1	2	3	4	5	...	...
0	G	N	N	N	N	N	N	N
1	N	N						
2	N		N					
3	N			N				
4	N				N			
5	N					N		
...	N						N	
...	N							N

図6.11

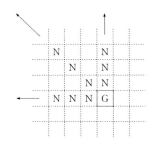

図6.12

$$s(m-k,\ n-k)$$

の状態に移る．このとき，$k \leqq m$，$k \leqq n$ であれば，k は何個でもよい．こうして $s(m,\ n)$ が G か N かを決めるには，図6.12のように，そこから左と上と斜め左上を見て，そのすべてが N であれば G を記入し，G が1個でもあれば N を記入すればよいことがわかる．そして，ひとたび G を記入すると，その右と下と斜め右下はすべて N の状態になるので，それらに N を記入する．この操作を左上隅の $s(0,0)$ から斜め右下の方向に進めれば，順次に G か N が埋まっていく．

まず，最初のいくつかを調べてみる．図6.11の左上隅を見ると，左上の 3×3 の正方形の中では，

$$s(2,\ 1),\ s(1,\ 2)$$

の二つだけが埋まっていない．この二つから左と上と斜め左上を見ると，すべてが N である．このため，どちらも G の状態となり，図6.13（a）を得る．すると，その右と下と斜め右下はすべて N となるので，図6.13（b）を得る．これが

m\n	0	1	2	3	4	5	...	...
0	G	N	N	N	N	N	N	N
1	N	N	G					
2	N	G	N					
3	N			N				
4	N				N			
5	N					N		
...	N						N	
...	N							N

（a）

m\n	0	1	2	3	4	5	...	...
0	G	N	N	N	N	N	N	N
1	N	N	G	N	N	N	N	N
2	N	G	N	N	N	N	N	N
3	N	N	N		N			
4	N	N	N			N		
5	N	N	N				N	
...	N	N	N					N
...	N	N	N					N

（b）

図6.13

最初の記入である．次は，図 6.13（b）の左上隅を見ると，左上の 5×5 の正方形の中では，

$$s(5, 3), \ s(3, 5)$$

の二つだけが埋まっていない．この二つから左と上と斜め左上を見ると，すべてが N である．このため，どちらも G の状態となり，その右と下と斜め右下はすべて N となる．いまわかったことをまとめると，

$$s(2, 1), \ s(1, 2)……\text{G の状態}$$

$$s(m, 1), \ s(1, n), \ (m \geqq 3, \ n \geqq 3)……\text{N の状態}$$

$$s(5, 3), \ s(3, 5)……\text{G の状態}$$

$$s(m, 3), \ s(3, n), \ (m \geqq 6, \ n \geqq 6)……\text{N の状態}$$

となる．

　ここで，この操作をよく見ると，どこかに G を記入したときは，その右と下と斜め右下にすべて N を記入している．このため，左上から右下の方向に操作を進めたとき，最初に出会う空白のマスは必ず G になる．こうして，G と N を記入する操作はまったく機械的に進められて，G の状態となるのは

$$s(7, 4), \ s(4, 7)……\text{G の状態}$$

$$s(10, 6), \ s(6, 10)……\text{G の状態}$$

$$s(13, 8), \ s(8, 13)……\text{G の状態}$$

$$………………………………$$

となる．しかし，この操作をいくら続けても，その先がどうなるかの見当はつかない．そこで，G の性質を少し調べてみる．

　まず，どこかの段を横に見ると，G が記入されているマスは多くても 1 個である．もし，G が 2 個以上あって，その中の二つが

$$s(m, i), \ s(m, j)$$

であれば，$i < j$ のときは，$s(m, j)$ の j 個の山から $j - i$ 個の石を取って，G の状態から G の状態に移すことができる．これは G の定義に反するので，G は多くても 1 個しかない．このことは，縦に見ても，左上がりの斜めに見ても同じである．

　ところが，どの横の段にも G は必ず 1 個ある．この理由は次のように説明できる．いま，任意の m 段目に注目すると，どの横の段も G は 1 個以下なので，0 段目から $m - 1$ 段目までには m 個以下の G しかない．このため，1 個の G を記入するたびに，その右と下と斜め右下の三つの方向にすべて N を記入する

ことに注意すれば，下と斜め右下の二つの方向には $2m$ 個の N が記入される．
これを m 段目から逆に見ると，上からの N と左上からの N が重なることもあ
るので，多くても $2m$ 個のマスにしか N は記入されない．このため，m 段目を
左から右に見ていけば，その上にも斜め左上にも N が記入されていないマスが
確実に現れる．このマスには G が記入されるので，G はどの横の段にも必ず 1
個ある．ところが，この考え方は縦の段にも斜めの段にもそのまま適用できる．
斜めの段に対しては，図 6.13 から明らかなように，まず左上隅を通る斜めの段
に N を記入し，次にその両隣りの斜めの段に N を記入し，さらにその両隣りの
斜めの段に N を記入するという操作を繰り返している．これは，どの斜めの段
にも必ず G が 1 個あることを示す．表の中で G が現れる位置の様子を示したの
が図 6.14 で，図（a）は m の増加に対するもの，図（b）は $n-m$ の増減に対す
るもの，図（c）は $n-m$ の増加に対するものである．

m	n	$n-m$
0	0	0
1	2	1
2	1	-1
3	5	2
4	7	3
5	3	-2
6	10	4
7	4	-3
8	13	5
9	15	6
10	6	-4
11	18	7
12	20	8
13	8	-5
14	23	9
15	9	-6
16	26	10

（a）

$n-m$	m	n
0	0	0
1	1	2
-1	2	1
2	3	5
-2	5	3
3	4	7
-3	7	4
4	6	10
-4	10	6
5	8	13
-5	13	8
6	9	15
-6	15	9
7	11	18
-7	18	11
8	12	20
-8	20	12

（b）

$n-m$	m	n
0	0	0
1	1	2
2	3	5
3	4	7
4	6	10
5	8	13
6	9	15
7	11	18
8	12	20
9	14	23
10	16	26
11	17	28
12	19	31
13	21	34
14	22	36
15	24	39
16	25	41

（c）

図 6.14

この図には，これまでの特徴がすべて現れている．まず，図（a）の m を見る
と，0 から始まるすべての整数が 1 個ずつ含まれている．すると，まったく同
じことが n についてもいえる．また，図（b）の $n-m$ を見ると，正と負のすべ
ての整数が 1 個ずつ含まれている．ところが，図（c）を見ると，さらに著しい
特徴のあることがわかる．いま，r を

$$r = n - m \tag{6.1}$$

とおき，r が 0，1，2，……と増えるときの m の値を並べると，

$$0, \quad 1, \quad 3, \quad 4, \quad 6, \quad 8, \quad 9, \quad 11, \quad \cdots\cdots$$

のようになる．この数列の決め方を探るため，図 6.14（c）を見直すと面白いことがわかる．たとえば r が 3 のときは，r が 2 までに現れた m と n の値は 0，1，2，3，5 の 5 個である．これに含まれない最小の（非負の）整数は 4 で，これが m の値になっている．また，r が 6 のときは，r が 5 までに現れた m と n の値は 0，1，2，3，4，5，6，7，8，10, 13 の 11 個である．これに含まれない最小の整数は 9 で，これが m の値になっている．この見方をすると，これ以外の m についても説明がつく．つまり，$r-1$ までに現れない m と n の値の中で最小の整数を，r に対する m とすればよい．これはごく自然なことで，次のように説明できる．

$r-1$ までに現れる m か n を r に対する m または n としても使うとして，それを m' または n' とする．すると，r に対する G の状態は $s(m', m'+r)$ か $s(n'-r, n')$ のどちらかになる（ここで，$n'=m'+r$，$m'=n'-r$ を用いた）．ところが，二つの山に含まれる石の差は r のため，差が $r-1$ までの G の状態とは違っている．このため，$s(m', m'+r)$ のときは，$m'+r$ の山から k 個（$1 \leqq k \leqq r$）の石をうまく取って，G の状態にすることができる．これは G の定義に反する．また，$s(n'-r, n')$ のときは，n' が $r-1$ までの m と n に現れれば，$n'-r$ にも現れることに注意する（なぜなら，最初の仮定より $m < n$ であるから）．このため，n' の山から k 個（$1 \leqq k \leqq r$）の石をうまく取って，やはり G の状態にすることができ，G の定義に反してしまう．こうして，$r-1$ までに現れる m と n の値は除外される．ここで，図 6.13 の G の記入方法を振り返れば，除外されない整数の中で，最小の数を r に対する m とするのは明らかである．

では，個々の r に対して，m の値をどのように決めるか．これには多少の数理が必要となる．次の節では，この問題を検討する．

6.4 二つ山くずしの数理

任意の m と n に対して，$s(m, n)$ が G の状態であるかどうかを調べるため，r を式（6.1）で与えたとき，G の状態になる m の値を m_r で表す．つまり，任意の r に対して，G の状態を $s(m_r, m_r+r)$ とかく．この節で求めるのは，m_r が r のどのような関数で表されるかということである．なお，m_r が個々の r に

対して1個ずつしかなく，また

$$m_0 < m_1 < m_2 < \cdots\cdots < m_{r-1} < m_r < m_{r+1} < \cdots\cdots$$

が成り立つことも明らかである．

m_rを求めるには，整数論の知識を援用するのがもっとも簡便である．そこで，本題から少し離れて整数論の定理を紹介する．それは，研究者の名にちなんで「**ヴィノグラドフの定理**」と呼ばれているもので，高度な数学は使わないが，考え方は見事である．なお，ヴィノグラドフは加法的整数論の分野で顕著な成果を挙げたロシアの第1級の数学者である．

まず，ガウス記号の説明をする．ある実数xに対して，それを越えない最大の整数を$[x]$で表す．たとえば，$[2]$と$[3]$はそのまま2と3になり，$[5.3]$と$[8.6]$はそれぞれ5と8になる．また，$[\sqrt{2}\,]$と$[\pi]$は，

$$\sqrt{2} = 1.141421356\cdots\cdots$$
$$\pi = 3.141592653\cdots\cdots$$

からそれぞれ1と3になる．このように，ガウス記号は小数部分を切り捨てて，整数部分だけを残したものである．ただし，負の数では

$$[-5.3] = -6, \quad [-8.6] = -9$$

となるので，注意する必要がある．

ヴィノグラドフの定理は，次のように述べることができる．αとβを

$$\frac{1}{\alpha} + \frac{1}{\beta} = 1 \tag{6.2}$$

を満たす正の無理数とする．すると，rを1，2，3，……と変えることによって，すべての正の整数は$[r\alpha]$か$[r\beta]$のどちらかでただ1通りに表される，というものである．こういうと，式(6.2)を満たす無理数とはどういう数かと疑問に思うかもしれない．しかし，その疑問は簡単に解消できる．たとえば，

$$\beta = \alpha + 1 \tag{6.3}$$

という条件をつけると，式(6.2)は

$$\frac{1}{\alpha} + \frac{1}{\alpha+1} = 1$$

となり，分母を払って整理すれば，

$$\alpha(\alpha+1) - (\alpha+1) - \alpha = 0$$
$$\therefore \quad \alpha^2 - \alpha - 1 = 0$$

となり，これを解けば

$$\alpha = \frac{1+\sqrt{5}}{2} \tag{6.4}$$

となる．よって，β は式（6.3）から

$$\beta = 1 + \alpha = \frac{3+\sqrt{5}}{2} \tag{6.5}$$

となる．式（6.4）の α と式（6.5）の β を式（6.2）の左辺に代入すると，

$$\frac{2}{1+\sqrt{5}} + \frac{2}{3+\sqrt{5}}$$

$$= \frac{2(3+\sqrt{5}+1+\sqrt{5})}{(1+\sqrt{5})(3+\sqrt{5})}$$

$$= \frac{8+4\sqrt{5}}{3+4\sqrt{5}+5} = 1$$

となって，確かに式（6.2）は成り立つ．なお，この α と β はあとで利用するため，丁寧に計算した．

　以上の準備のもとに，ヴィノグラドフの定理を証明する．まず，j と k をどのような正の整数にとっても，$[j\alpha]$ と $[k\beta]$ は違う整数になることを示す．もし，同じ整数になる j と k の組が存在すれば，その整数を

$$[j\alpha] = [k\beta] = q$$

で表すことができる．すると，$j\alpha$ と $k\beta$ はどちらも無理数のため，

$$q < j\alpha < q+1$$

$$q < k\beta < q+1$$

となる．1 番目の式を α で割り，2 番目の式を β で割ったのち，各辺ごとに加えれば，

$$\frac{q}{\alpha} + \frac{q}{\beta} < j + k < \frac{q+1}{\alpha} + \frac{q+1}{\beta}$$

となる．ここで，式（6.2）を代入すると，

$$q < j + k < q+1$$

となる．ところが，q と j と k は整数で，しかも q と $q+1$ は相続く整数である．この間に整数 $j+k$ が入ることはあり得ないから，$[j\alpha]$ と $[k\beta]$ が同じ整数になるという仮定は否定される．

　次に，任意の整数を q とすると，自然数 j か k をうまく選んで，

$$q = [j\alpha] \quad または \quad q = [k\beta]$$

のどちらかにできることを示す．いま，j をうまく選んだとき，q が $[j\alpha]$ で表

されればそれでよい．このときは，q は絶対に $[k\beta]$ の形に表せないためである．そこで，j をどのような整数に選んでも，q が $[j\alpha]$ で表せないときを考える．ここで，$\alpha < \beta$ を想定する．$\alpha > \beta$ ならば α と β の役割を交換すればよく，$\alpha = \beta$ ならばどちらも無理数にならないからである．こう想定すると，α は $1 < \alpha < 2$ を満たし，β は $\beta > 2$ を満たす．

いま，t を

$$t = \left[\frac{q}{\alpha}\right]$$

とおき，

$$\frac{q}{\alpha} = \left[\frac{q}{\alpha}\right] + \delta = t + \delta \tag{6.6}$$

とかく．$t\left(=\left[\frac{q}{\alpha}\right]\right)$ は $\frac{q}{\alpha}$ の整数部分，δ は小数部分である．この両辺に α をかけると，

$$q = t\alpha + \delta\alpha \tag{6.7}$$

となるが，α は 1 と 2 の間の無理数のため，

$$q < (t+1)\alpha$$

が成り立つ．ところが，どのような整数 j を選んでも，q は $[j\alpha]$ の形では表せないため，

$$q + 1 < (t+1)\alpha \tag{6.8}$$

でなければならない．ここで，この式の両辺に $\frac{\beta}{\alpha}$ をかけると，

$$\frac{\beta}{\alpha}(q+1) < (t+1)\beta \tag{6.9}$$

となる．この式を変形するため，式 (6.2) の両辺に β をかけ，変形すると

$$\frac{\beta}{\alpha} = \beta - 1$$

を得る．これを式 (6.8) に代入すると，

$$(\beta - 1)(q+1) < (t+1)\beta$$

となり，変形すると

$$q\beta - q + \beta - 1 < t\beta + \beta$$

$$\therefore \quad (q-t)\beta < q + 1 \tag{6.10}$$

を得る．

一方，式 (6.6) の両辺に α をかければ，

$$\alpha t < q$$

は明らかである．この式の両辺に $\dfrac{\beta}{\alpha}$ をかけると，

$$\beta t < \dfrac{\beta}{\alpha} q$$

となるので，式 (6.9) を代入すれば，

$$\beta t < (\beta - 1) q$$

となる．これを変形すると，

$$\beta t < \beta q - q$$

$$\therefore \quad q < (q - t)\beta \tag{6.11}$$

を得る．こうして，式 (6.10) と合わせれば，

$$q < (q - t)\beta < q + 1$$

となる．これは $(q-t)\beta$ が相続く整数 q と $q+1$ の間にあることを示すもので，その整数部分は

$$[(q-t)\beta] = \left[\left(q - \left[\dfrac{q}{\alpha}\right]\right)\beta\right] = q$$

となる．こうして，q が $[j\alpha]$ の形で表せないときは，k を

$$k = q - \left[\dfrac{q}{\alpha}\right] \tag{6.12}$$

とおけば，q は確実に $[k\beta]$ で表される．これでヴィノグラドフの定理は証明されたが，鋭い洞察力による証明で，高等数学をまったく使わないところが見事である．

　ここで，本題の二つ山くずしに戻ると，問題はヴィノグラドフの定理から一気に解決する．式 (6.4) と式 (6.5) の α と β を使って，α_r と β_r を

$$\begin{aligned} \alpha_r &= [\alpha r] = \left[\dfrac{1+\sqrt{5}}{2} r\right] \\ \beta_r &= [\beta r] = \left[\dfrac{3+\sqrt{5}}{2} r\right] \end{aligned} \quad (r = 0,\ 1,\ 2,\ \cdots\cdots) \tag{6.13}$$

で定義すると，

$$\alpha_0 < \alpha_1 < \alpha_2 < \alpha_3 < \alpha_4 < \alpha_5 < \cdots\cdots$$

$$\beta_0 < \beta_1 < \beta_2 < \beta_3 < \beta_4 < \beta_5 < \cdots\cdots$$

は明らかである．また，

$$[\beta r] = [(\alpha + 1)r] = [\alpha r + r] = [\alpha r] + r$$

から，

$$\beta_r - \alpha_r = r$$

も成り立つ．これは α_r が式 (6.1) の m に対応し，β_r が n に対応することを示している．こうして，$s(\alpha_r, \beta_r)$ は G の状態，それ以外はすべて N の状態になり，図 6.14(c) は図 6.15 とかき直される．図 6.15 の特徴は，任意の r に対する α_r と β_r が式 (6.13) から簡単に計算できることにある．

$r=$ $n-m$	$m=$ $[\alpha_r\gamma]$	$n=$ $[\beta_r\gamma]$
0	0	0
1	1	2
2	3	5
3	4	7
4	6	10
5	8	13
6	9	15
7	11	18
8	12	20
9	14	23
10	16	26
11	17	28
12	19	31
13	21	34
1	22	36
15	24	39
16	25	41

図 6.15

　以上で，二つ山くずしは完全に解明されたが，最後に $s(\alpha_r, \beta_r)$ だけが G の状態になることを証明する．まず，手番が $s(\alpha_r, \beta_r)$ の状態のときは，どのように石を取っても $s(\alpha_{r-k}, \beta_{r-k})$ の状態に移せないことを示す．どちらか一方の山から石を取ったときは，

$$\alpha_{r-k} < \alpha_r, \quad \beta_{r-k} < \beta_r$$

が成り立つので，$s(\alpha_{r-k}, \beta_{r-k})$ の状態に移すことは不可能である．また，両方の山から同時に同数個の石を取っても，

$$\beta_{r-k} - \alpha_{r-k} = r-k < r = \beta_r - \alpha_r$$

が成り立つので，$s(\alpha_{r-k}, \beta_{r-k})$ の状態に移すことは不可能である．こうして，$s(\alpha_r, \beta_r)$ を G の状態とすれば，G の状態から G の状態に移すことは不可能である．

　次に，$s(\alpha_r, \beta_r)$ に含まれない任意の状態を $s(m, n)$ とする．ここで，$m \le n$ とする．$m > n$ のときは，m と n の役割を交換すればよいので一般性は失われ

ない．まず，r を 1 から順次に増加すると，α_r と β_r はすべての正の整数を 1 度ずつとるので，r をうまく選べば，m は α_r か β_r のどちらかで表されることに注意する．このため，m と n の値によって，次の三つの場合が生じる．

①：$m = \alpha_r$，$n > \beta_r$

②：$m = \alpha_r$，$n < \beta_r$

③：$m = \beta_r$，$n > \alpha_r$

①のときは，n 個の石がある山から $n - \beta_r$ 個を取って，$s(\alpha_r, \beta_r)$ の状態に移すことができる．②のときは，

$$n - \alpha_r < \beta_r - \alpha_r = r$$

なので，

$$u = n - \alpha_r$$

とおけば，両方の山から同時に $\alpha_r - \alpha_u$ 個ずつの石を取って，$s(\alpha_u, \beta_u)$ の状態に移すことができる．③のときは，n 個の石がある山から $n - \alpha_r$ 個を取って，$s(\alpha_r, \beta_r)$ の状態に移すことができる．こうして，G の状態に含まれないすべての状態 $s(m, n)$ から，石をうまく取って G の状態に移すことができる．これは，$s(\alpha_r, \beta_r)$ の状態に含まれないすべての状態が N の状態であることを示す．これで，二つ山くずしの解析は完全に終わる．

6.5 三つ山くずし

三つ山くずしは「ニム」とも呼ばれる 2 人ゲームで，もっとも標準的な石取りゲームである．たくさんの石を三つの山に分け，2 人が交互に取り合っていく．そして，最後に石を取った者が勝ちである．取り方のルールは，一つの山からなら何個の石を取ってもよいが，二つまたは三つの山から同時に石を取ることは許さないというものである．二つ山くずしでは，二つの山から同数の石を取ることは許したが，三つ山くずしではこれも許さない．たいへんわかりやすいルールである．

たとえば，7 個，6 個，5 個の山を作り，これを A と B の 2 人で取り合うとする．A が先に取るとして，7 個の山から 5 個の石を取れば，2 個，6 個，5 個の三つの山となる．次に，B が 6 個の山からすべての石を取れば，2 個と 5 個の二つの山となる．次に，A が 5 個の山からすべての石を取れば，2 個の山が一つだけ残る．そこで，B が 2 個の山からすべての石を取れば，A はもう取る石がなく，B の勝ちとなる．図6.16はこの様子を示したものである．必勝

法を知らない2人がこのゲームを争うと，予想以上の面白さにきっと驚く．

Aの番	7	6	5
Bの番	2	6	5
Aの番	2	0	5
Bの番	2	0	0
Bの勝	0	0	0

図6.16

　三つ山くずしでは，2進数が活躍する．2進数については，1.6節で簡単な解説をしたが，それ以外の性質も使うので，この節でも解説する．2進数の世界では，使える数は0と1の2個だけである．このため，ふつうの整数と対比させると，

2進法	0	1	10	11	100	101	110	111	1000	……
整　数	0	1	2	3	4	5	6	7	8	……

となる．これから明らかなように，大きさの違う整数は2進数による表現も違っている．このため，ある整数 n から別の整数 m を引くと，n と $n-m$ の2進数による表現は必ず違う．当然のことであるが，大切な性質である．

　次に，2進数の足し算を考える．といっても，ケタ上げを無視した特殊な足し算で，ふつうの足し算とは違っている．じつは，この足し算は第1章の式(1.1)で定義したもので，各ケタごとに独立に

$$\left.\begin{array}{l}0+0=0\\0+1=1\\1+0=1\\1+1=0\end{array}\right\} \tag{6.14}$$

の計算をする．たとえば，5と7を足すときは，5を101，7を111とそれぞれ2進数で表して，

```
  1 0 1
+)1 1 1
───────
  0 1 0
```

のようにする．一位と百位は1と1の和で0，十位は0と1の和で1としてある．奇妙な足し算であるが，三つ山くずしの強力な武器になるので，しばらく我慢していただきたい．なお，ふつうの足し算と区別するときは，この足し算を「**ニム和**」と呼ぶ．この足し算は，何個の数でも足すことができて，ケタ数の多い5個の数を足すと，

```
        1 0 1 0 1 0 1 0 1 0 1 0 1………a
        1 1 0 0 1 1 0 0 1 1 0 0 1………b
          1 1 1 0 0 0 1 1 1 0 0 0………c
          1 1 1 1 0 0 0 0 1 1 1 1………d
  +)        1 1 1 1 0 0 0 0 1 1 1………e
  ────────────────────────────────────
        0 1 0 1 0 0 1 1 1 1 1 0 0………f
```

となる．ここに，右側にあるａからｆまでの文字は，それぞれの２進数を表すもので，あとの計算に利用する．この足し算を見ると，各ケタごとに１の個数を数え，偶数のときは０，奇数のときは１とすればよいことがわかる．すると，ａからｆまでの６個の２進数の足し算は，

```
        1 0 1 0 1 0 1 0 1 0 1 0 1………a
        1 1 0 0 1 1 0 0 1 1 0 0 1………b
          1 1 1 0 0 0 1 1 1 0 0 0………c
          1 1 1 1 0 0 0 0 1 1 1 1………d
          1 1 1 1 0 0 0 0 1 1 1………e
  +) 0 1 0 1 0 0 1 1 1 1 1 0 0………f
  ────────────────────────────────────
        0 0 0 0 0 0 0 0 0 0 0 0 0
```

となって，すべてのケタが０になる．これは，１が奇数個のケタにだけ１を足しているので，まったく当然のことである．

　ａからｆまでの足し算をするとき，足し算の順序を入れ替えて，まずｃとｆの和を計算する．すると，

```
          1 1 1 0 0 0 1 1 1 0 0 0………c
  +) 0 1 0 1 0 0 1 1 1 1 1 0 0………f
  ────────────────────────────────────
        0 0 1 0 0 0 1 0 0 0 1 0 0………c＋f
```

となるので，これに残りのａ，ｂ，ｄ，ｅを足せば，やはり

```
        1 0 1 0 1 0 1 0 1 0 1 0 1………a
        1 1 0 0 1 1 0 0 1 1 0 0 1………b
          1 1 1 1 0 0 0 0 1 1 1 1………d
          1 1 1 1 0 0 0 0 1 1 1………e
  +) 0 0 1 0 0 0 1 0 0 0 1 0 0………c＋f
  ────────────────────────────────────
        0 0 0 0 0 0 0 0 0 0 0 0 0
```

となる．足し算の順序を入れ替えても，同じ結果になるのは当然である．

　この計算の内容は大切である．a, b, c, d, e の５個の２進数を足しても，１

になるケタが何個か残ったが，c を c＋f に取り替えると，すべてのケタは 0 になった．ところが，c と f の最上位の 1 を見ると，どちらも同じケタにある．このため，1 と 1 の和が 0 になることから，c＋f の最上位の 1 は c と f の最上位の 1 より低いケタに必ず現れる．ということは，もとの十進数に戻したとき，c＋f は c より確実に小さな数になる．ここの場合を実際に計算すると，

$$1\ 1\ 1\ 0\ 0\ 0\ 1\ 1\ 1\ 0\ 0\ 0\ (2 進数)\cdots\cdots c =3640（十進数）$$
$$1\ 0\ 1\ 0\ 0\ 1\ 1\ 1\ 1\ 1\ 0\ 0\ (2 進数)\cdots\cdots f =2684（十進数）$$
$$1\ 0\ 0\ 0\ 1\ 0\ 0\ 0\ 1\ 0\ 0\ (2 進数)\cdots\cdots c＋f =1092（十進数）$$

という奇妙な計算になるが，

$$c＋f＜c（具体的には，1092＜3640）$$

は確実に保証される．こうして，3640（＝c）を 1092（＝c＋f）にまで減らせば，5 個の 2 進数 a，b，c＋f，d，e を足したとき，すべてのケタをことごとく 0 にできる．

　この考え方からすると，d と f の最上位の 1 も同じケタにあるので，

$$
\begin{array}{r}
1\ 1\ 1\ 1\ 0\ 0\ 0\ 0\ 1\ 1\ 1\ 1\ \cdots\cdots d \\
＋)\ 0\ 1\ 0\ 1\ 0\ 0\ 1\ 1\ 1\ 1\ 1\ 0\ 0\ \cdots\cdots f \\
\hline
0\ 0\ 1\ 0\ 1\ 0\ 1\ 1\ 1\ 0\ 0\ 1\ 1\ \cdots\cdots d＋f
\end{array}
$$

を求めてもよいことになる．これに残りの a，b，c，e を足すと，

$$
\begin{array}{r}
1\ 0\ 1\ 0\ 1\ 0\ 1\ 0\ 1\ 0\ 1\ 0\ 1\ \cdots\cdots a \\
1\ 1\ 0\ 0\ 1\ 1\ 0\ 0\ 1\ 1\ 0\ 0\ 1\ \cdots\cdots b \\
1\ 1\ 1\ 0\ 0\ 0\ 1\ 1\ 1\ 0\ 0\ 0\ \cdots\cdots c \\
1\ 1\ 1\ 1\ 0\ 0\ 0\ 0\ 1\ 1\ 1\ \cdots\cdots e \\
＋)\ 0\ 0\ 1\ 0\ 1\ 0\ 1\ 1\ 1\ 0\ 0\ 1\ 1\ \cdots\cdots d＋f \\
\hline
0\ 0\ 0\ 0\ 0\ 0\ 0\ 0\ 0\ 0\ 0\ 0\ 0\
\end{array}
$$

となって，確かにすべてのケタが 0 になる．このときは，d，f，d＋f を十進数に戻すと，

$$1\ 1\ 1\ 1\ 0\ 0\ 0\ 0\ 1\ 1\ 1\ 1\ \cdots\cdots d =3855$$
$$1\ 0\ 1\ 0\ 0\ 1\ 1\ 1\ 1\ 1\ 0\ 0\ \cdots\cdots f =2684$$
$$1\ 0\ 1\ 0\ 1\ 1\ 1\ 0\ 0\ 1\ 1\ \cdots\cdots d＋f =1395$$

となって，

$$d＋f＜d（具体的には，1395＜3855）$$

が保証される．これから，3855（＝d）を 1395（＝d＋f）にまで減らしても，5

個の 2 進数 a，b，c，d＋f，e を足したとき，すべてのケタをことごとく 0 にできる．

　では，何個かの 2 進数の和を f で求めたとき，最上位の 1 が f と同じケタになるものはいつでも存在するか．じつは，存在しない例がたくさんある．これまでの説明は，そのことを承知のうえで，理解しやすい方法を取り入れたのである．ここまで理解すれば，最上位の 1 が f と同じケタにならない場合も容易に理解できる．まず，わかりやすい例をあげると，

$$
\begin{array}{r}
1\ 1\ 0\ 0\ 1\ 0 \cdots\cdots\cdots a \\
1\ 0\ 1\ 0\ 1\ 1 \cdots\cdots\cdots b \\
1\ 0\ 1\ 1\ 1\ 0 \cdots\cdots\cdots c \\
+)\ 1\ 0\ 1\ 1\ 0\ 0 \cdots\cdots\cdots d \\
\hline
0\ 1\ 1\ 0\ 1\ 1 \cdots\cdots\cdots f
\end{array}
$$

がそうである．f の最上位の 1 は下から 5 ケタ目にあるが，a，b，c，d の 4 数とも最上位の 1 は下から 6 ケタ目にある．しかし，下から 5 ケタ目が 1 になるものは確実に存在する．そのケタにある 1 が奇数個のときだけ，f のケタに 1 が現れるからである．この例では a がそれで，下から 5 ケタ目は 1 である．このときは，a と f を足して

$$
\begin{array}{r}
1\ 1\ 0\ 0\ 1\ 0 \cdots\cdots\cdots a \\
+)\ 0\ 1\ 1\ 0\ 1\ 1 \cdots\cdots\cdots f \\
\hline
1\ 0\ 1\ 0\ 0\ 1 \cdots\cdots\cdots a＋f
\end{array}
$$

とすると，

$$
\begin{array}{r}
1\ 0\ 1\ 0\ 1\ 1 \cdots\cdots\cdots b \\
1\ 0\ 1\ 1\ 1\ 0 \cdots\cdots\cdots c \\
1\ 0\ 1\ 1\ 0\ 0 \cdots\cdots\cdots d \\
+)\ 1\ 0\ 1\ 0\ 0\ 1 \cdots\cdots\cdots a＋f \\
\hline
0\ 0\ 0\ 0\ 0\ 0
\end{array}
$$

はこれまでとまったく同じである．しかも

$$
a＋f < a \quad (具体的には，41 < 50)
$$

は同じように保証される．これは，a と a＋f のそれぞれに対して，f の最上位の 1 と同じケタにある数を調べると，a では 1，a＋f では 0 となっていることと，それより上位のケタにある 1 と 0 の配列はまったく変わらないからである．こうして，50（＝a）を 41（＝a＋f）にまで減らせば，4 個の 2 進数 b，c，d，a＋

f を足したとき，すべてのケタをことごとく 0 にできる．

　2 進数の解析にかなりの紙数を割いたが，三つ山くずしの問題はこれでほとんど解決している．三つの山に a 個，b 個，c 個の石があったとして，それを 2 進数で表したときの和を $a+b+c$ で求める．そして，この和のすべてのケタが 0 であれば G の状態，1 が 1 個でもあれば N の状態と決めると，これは G の条件を満たす．この理由はほとんど明らかである．まず，どの山にも石がない最終の状態は，2 進数で表した a，b，c が

$$a = b = c = 0$$

となるため，G の状態である．次に，G の状態が手番のとき，一つの山から石を取れば，どこかのケタで 0 と 1 が必ず入れ替わり，N の状態に移る．一方，N の状態が手番のとき，上に述べた方法で石を取ると，いつでも G の状態に移すことができる．これは G の条件を満たすことを示す．

　この方法を見ると，山は三つである必要がない．四つでも，五つでも，一般の k 個でもまったく同じである．2 進法の威力を認識できるすばらしいゲームである．なお，この方法を最初に考案したのはアメリカの数学者**ブートン**で，1902 年に著名な数学雑誌に発表している．

6.6　三つ山くずしの一般化

　三つ山くずしでは，一つの山からなら何個の石でも取ることができた．では，山の個数を増やして，二つや三つの山，さらに一般の r 個の山からなら何個の石でも取れるようにしたらどうか．このゲームを提案したのはアメリカの数学者**ムーア**で，見事な必勝法を発見した．それによると，三つ山くずしの必勝法とほとんど同じである．この節では，この方法を紹介する．

　たくさんの石を k 個の山に分け，次のルールで 2 人が交互に取り合っていく．そして，最後に石を取った者が勝ちである．そのルールは，r 個以内の山からなら，何個の石を取ってもよいというものである．ただし，どれかの山から少なくとも 1 個の石は取る必要がある．こうして，r 個の山のすべてから石をとってもよければ，たった一つの山から石を取ってもよい．このとき，k が r より大きくないと，どの山からもすべての石を一度に取って，勝負は瞬間に終わる．このため，

$$k > r$$

を想定する．三つ山くずしは，一つの山からだけ石が取れるので，

$$k=3, \qquad r=1$$

とした特殊の場合に当たる.

k 個の山に a_1, a_2, ……, a_k 個の石があるとして, これが G, N のどちらの状態であるかを次の方法で決める. まず, 三つ山くずしと同じように, a_1, a_2, ……, a_k をそれぞれ 2 進数で表して, その和を作る. ただし, 足し算の方法は少し変える. 各ケタごとに足すことと, ケタ上げをしないことは同じであるが, 各ケタごとの足し算を少しだけ修正するのである. 三つ山くずしでは, 1 が偶数個ならば 0, 奇数個ならば 1 としたが, それを 2 で割ったときの余りと解釈して, $r+1$ で割った余りにおきかえる. そして, この足し算の結果, どのケタも 0 になれば G の状態, 0 でないケタが 1 個でもあれば N の状態と定義する. これは三つ山くずしを特殊の場合とする一般的な定義であるが, 説明だけではわかりにくい. そこで, 具体例で説明する.

いま, 山の個数が 8 個, 一度に石を取ることのできる山の個数を 3 個までとして, それぞれの山にある石の個数を

$$a_1=11, \quad a_2=14, \quad a_3=18, \quad a_4=25,$$
$$a_5=33, \quad a_6=38, \quad a_7=50, \quad a_8=73$$

とする. これは

$$k=8, \qquad r=3$$

の例である. a_1 から a_8 までを 2 進数で表すと,

$$a_1=1011, \quad a_2=1110, \quad a_3=10010, \quad a_4=11001,$$
$$a_5=100001, \quad a_6=100110, \quad a_7=110010, \quad a_8=1001001$$

となるので, 和を作ると

```
        1 0 1 1 ………a₁
        1 1 1 0 ………a₂
      1 0 0 1 0 ………a₃
      1 1 0 0 1 ………a₄
    1 0 0 0 0 1 ………a₅
    1 0 0 1 1 0 ………a₆
    1 1 0 0 1 0 ………a₇
+) 1 0 0 1 0 0 1 ………a₈
 ─────────────────────
    1 3 3 4 2 5 4 ……… 1 の個数の和
    1 3 3 0 2 1 0 ……… 4 で割った余り
```

となる．ここに，横線のすぐ下の数はそのケタに含まれる 1 の個数，さらにその下の数は 4 で割った余りである．このため，この例では

$$a_1 + a_2 + a_3 + a_4 + a_5 + a_6 + a_7 + a_8 = 1330210 \tag{6.15}$$

となり，N の状態であることがわかる．

　G と N をこのように定義すると，手番が G の状態で石を取ると必ず N の状態に移り，手番が N の状態で石をうまく取ると必ず G の状態に移すことができる．これを示せば，このゲームも G の条件を満たすことになり，必勝法が存在する．以下にこれを示す．

　まず，手番が G の状態で石を取ると，必ず N の状態に移ることを示す．いま，s 個（$1 \leqq s \leqq r$）の山から石を取ったとして，その中の j 番目の山に注目する．すると，取る前と取ったあとの石の個数を 2 進法で比べたとき，どこかのケタで 1 と 0 が確実に入れ替わっている．しかも，入れ替わったケタの中での最上位のケタは，山から石を取ったため，1 が 0 に入れ替わっている．このケタを d_j で表す．この d_j を s 個の山のすべてに対して求めたのち，その最大値を

$$d_{\max} = \max\{d_1, \ d_2, \ \cdots\cdots, \ d_s\}$$

で表す．すると，$d_{\max}$ に一致する d_j は多くても s 個までである．ここで，s は r 以下の数であることに注意すると，$d_{\max}$ に一致する d_j は r 個以下である．このため，$d_{\max}$ のケタにある 1 は 1 個から r 個までの範囲でしか 0 に取り替えることができず，取るまえが $r+1$ で割り切れれば，取ったあとは $r+1$ で割ったときの余りが必ず 1 以上となる．これは G の状態からは N の状態にしか移れないことを示す．

　次に，手番が N の状態で石をうまく取ると，いつでも G の状態に移せることを示す．その手順を理解するため，上の具体例で説明する．この例では，a_1 から a_8 までの和を式 (6.15) に求めたので，これを出発点とする．この和は 1330210 なので，三つの山から石をうまく取って，和を 0000000 に変えられればよい．1330210 を上位のケタから順に見ると，0 でない最初の数は最上位の 1 である．すると，a_1 から a_8 までの中に，そのケタが 1 になる数が少なくとも 1 個（正確には 4 で割った余りが 1 個）は確実に存在する．これを実際に調べると，ここの場合は

$$a_8 = 1001001$$

の 1 個だけなので，まず 8 番目の山を選ぶ．これを選んだ理由は，この山から a_8 の最上位が 0 になるように石を取れば，8 個の山にある石をすべて足したと

きも，そのケタは確実に 0 になるからである．このとき，他のケタも考慮しながら石を取れば，いっそう効果的である．そこで，a_1 から a_8 までの和を 4 で割った余りを見ると，最上位を除いた残りは 330210 である．これに 110000 を足すと，

$$
\begin{array}{r}
3\;3\;0\;2\;1\;0 \\
+)\;1\;1\;0\;0\;0\;0 \\
\hline
4\;4\;0\;2\;1\;0 \\
0\;0\;0\;2\;1\;0
\end{array}
$$

……… 1 の個数の和

……… 4 で割った余り

となって，3 はすべて 0 に変わる．これは a_8（＝1001001）を 2 係数の計算で

$$a_8' = 1001001 - (1000000 - 110000) = 111001$$

に減らすことなので，8 番目の山からの石の取り方は決まる．なお，110000 を作るときに大切なことは，a_8（＝1001001）の中では 0 となっているケタだけを 1 にしていることである．こうして，8 個の数の和は

$$
\begin{array}{r}
1\;0\;1\;1 \quad\cdots\cdots a_1 \\
1\;1\;1\;0 \quad\cdots\cdots a_2 \\
1\;0\;0\;1\;0 \quad\cdots\cdots a_3 \\
1\;1\;0\;0\;1 \quad\cdots\cdots a_4 \\
1\;0\;0\;0\;0\;1 \quad\cdots\cdots a_5 \\
1\;0\;0\;1\;1\;0 \quad\cdots\cdots a_6 \\
1\;1\;0\;0\;1\;0 \quad\cdots\cdots a_7 \\
+)\;1\;1\;1\;0\;0\;1 \quad\cdots\cdots a_8' \\
\hline
4\;4\;4\;2\;5\;4 \\
0\;0\;0\;2\;1\;0
\end{array}
$$

……… 1 の個数の和

……… 4 で割った余り

となる．

　次に，いま求めた和の 000210 に対して，また同じ操作を繰り返す．今度は 0 でない最上位のケタは左から 4 ケタ目なので，そのケタが 1 になる数が少なくとも 2 個（正確には 4 で割った余りが 2 個）は存在する．これを実際に調べると，ここの場合は

$$a_2 = 1110$$

$$a_6 = 100110$$

の 2 個なので，2 番目と 6 番目の山を選ぶ．すると，

$$a_2' = 1110 - 110 = 1000$$

$$a_6' = 100110 - 100 = 100010$$

とすればよいことは明らかで，8個の数の和を求めると

$$
\begin{array}{r}
1\ 0\ 1\ 1 \cdots\cdots a_1 \\
1\ 0\ 0\ 0 \cdots\cdots a_2' \\
1\ 0\ 0\ 1\ 0 \cdots\cdots a_3 \\
1\ 1\ 0\ 0\ 1 \cdots\cdots a_4 \\
1\ 0\ 0\ 0\ 0\ 1 \cdots\cdots a_5 \\
1\ 0\ 0\ 0\ 1\ 0 \cdots\cdots a_6' \\
1\ 1\ 0\ 0\ 1\ 0 \cdots\cdots a_7 \\
+)\ 1\ 1\ 1\ 0\ 0\ 1 \cdots\cdots a_8' \\
\hline
4\ 4\ 4\ 0\ 4\ 4 \cdots\cdots 1\text{の個数の和} \\
0\ 0\ 0\ 0\ 0\ 0 \cdots\cdots 4\text{で割った余り}
\end{array}
$$

となる．この操作は，Nの状態から石をうまく取れば，Gの状態に移せることを示唆している．なお，2番目と6番目の山から石を取るとき，

$$a_2' = 1110 - 100 = 1010$$
$$a_6' = 100110 - 110 = 100000$$

としてもよい．

　これまでの考察を整理すると，次のようになる．まず，8個の山に

$$a_1 = 11\,\text{個},\quad a_2 = 14\,\text{個},\quad a_3 = 18\,\text{個},\quad a_4 = 25\,\text{個},$$
$$a_5 = 33\,\text{個},\quad a_6 = 38\,\text{個},\quad a_7 = 50\,\text{個},\quad a_8 = 73\,\text{個}$$

の石がある状態を考える．これらを2進数に表して和を求めると，

$$a_1 + a_2 + a_3 + a_4 + a_5 + a_6 + a_7 + a_8 = 1330210$$

となる．この最上位の1に着目して，同じケタが1である数を探すと，

$$a_8 = 1001001$$

が見つかる．これから $10000 (= 1000000 - 110000)$ を引くと，

$$a_8' = 1001001 - (1000000 - 110000) = 111001$$

となり，8番目の山から16個（$= 10000$）の石を取ることが決まる．すると，8個の山にある石の和は 000210 となり，また最上位の1に着目すると，2番目と6番目の山が決まる．それぞれの山から6個（$= 110$），4個（$= 100$）の石をとると，8個の山にある石は

$$a_1 = 11\,\text{個},\quad a_2' = 8\,\text{個},\quad a_3 = 18\,\text{個},\quad a_4 = 25\,\text{個},$$
$$a_5 = 33\,\text{個},\quad a_6' = 34\,\text{個},\quad a_7 = 50\,\text{個},\quad a_8' = 57\,\text{個}$$

に変わる．これらの操作は，Nの状態をGの状態に移したことを意味する．

似た操作は，多少の修正を認めれば，一般の N の状態にも適用できる．しかし，その操作を正確に述べようとすると，いくらかの場合分けが必要になり，記述が煩雑になる．このため，およその感触を具体例で得たことに満足して，厳密な記述は割愛する．こうして，N の状態から石をうまく取ると，G の状態に移すことができる．

これで，1 度に k 個の山から石を取ることのできる一般化した三つ山くずしの必勝法を終わる．

6.7 グランディー数

これまでの考察から明らかなように，必勝法の手順を確立するには，G と N の状態をうまく定義すればよい．このことを数学的にすっきり表現するため，スプラーグとグランディーは独立に一つの方法を提案した．必勝法が存在する多くの 2 人ゲームに適用できるもので，「**グランディー数**」と呼ばれる特殊な数を利用する方法である．この章を終わるに当たって，この方法を簡単に紹介する．

まず，ゲームの開始から終了までに現れるすべての状態を

$$S_m, \ S_{m-1}, \ S_{m-2}, \ \cdots\cdots, \ S_2, \ S_1, \ S_0$$

で表す．ただし，個々の実戦ではこの中の一部の状態だけが現れ，その現れ方は実戦ごとに変わった系列になる．つまり，S_m から S_0 までの状態は，可能性のあるすべての状態を網羅したものである．このとき，ゲームが進むにつれて状態 S_k の添え字 k は次第に小さくなり，どのゲームも S_0 に到達したところで終局になるものとする．もちろん，石取りゲームと同じように，最終の状態 S_0 に移した者が勝ちである．

任意の状態 S_k に非負の整数 $g(S_k)$ を次のように割り当てて，これを状態 S_k のグランディー数と呼ぶ．まず，最終の状態 S_0 にたいしては，

$$g(S_0) = 0 \tag{6.16}$$

を割り当てる．一般の状態 S_k に対しては，$S_j \ (j \leqq k)$ までのすべての状態に $g(S_j)$ が割り当てられているとして，$g(S_k)$ を次のように割り当てる．状態 S_k から 1 手で到達できるすべての状態 S_i を拾い上げ，それぞれのグランディー数 $g(S_i)$ を求める．そして，その中に含まれていない整数のうち，最小の非負の整数を $g(S_k)$ とする．式で表せば，

$$g(S_k) = \min\{m \mid m \neq g(S_i), \ S_k \to S_i\} \tag{6.17}$$

となる．ここに，$S_k \to S_i$ は状態 S_k から状態 S_i に 1 手で到達できることを意味し，縦棒のあとの $m \neq g(S_i)$ と $S_k \to S_i$ は m に対する条件を与える．

　この定義から明らかなように，S_0 に 1 手で到達できる状態には正の整数を割り当て，1 手で到達できない状態には 0 を割り当てている．また，状態 S_k のグランディー数に n を割り当てたときは，任意の整数 $m\,(0 \leq m < n)$ をグランディー数に割り当てた状態 $S_j\,(0 \leq j < k)$ が必ず存在する．

　グランディー数の定義から状態の推移を調べると，0 を割り当てた状態からは 0 を割り当てた別の状態に移ることが不可能で，正の整数を割り当てた状態からは 0 を割り当てた状態に移ることが可能である．これまでの G，N の状態と対比すると，G の状態は 0 を割り当てた状態に対応し，N の状態は正の整数を割り当てた状態に対応する．これでは，とくにグランディー数を使うまでもないように思えるが，そのさきの解析が可能になる．もっとも重要な性質は，7.7 節で述べる周期性である．個々の状態をグランディー数で表し，可能な着手を網羅しながら，グランディー数がどう変わるかを調べてみる．すると，石取りゲームから予想できるように，0 を割り当てた状態が周期的に現れる．また，それ以外の数もすべて周期的に現れて，同じ数列が繰り返すだけの単純なものとなる．背後の数理は高等なので，その証明は割愛するが，2 人ゲームの本質をついている．興味ある読者は，グラフ理論や組み合わせ理論の専門書を参照していただきたい．

第7章
いろいろな2人ゲーム

7.1 物まねのできるゲーム

ゲームによっては，相手の直前の手をオーム返しにするだけで，必ず勝つものがある．内容を知ってしまえば非常に単純なゲームなので，面白くも何ともない．しかし，形を変えると，その本質を見抜くのが大変で，意外と難渋する．この種のゲームをいくつか紹介する．

まずは，だれにでもわかる簡単なゲームを紹介する．長方形のテーブルの上に，2人が次のルールで十円玉を交互に1個ずつ置いていく．そして，最後に置いた者が勝ちである．そのルールとは，すでにテーブルの上にある十円玉に触らないように置きさえすれば，どのように置いてもよいというものである．このゲームは，次の置き方で先手が必ず勝つ．まず，先手はテーブルの中央に十円玉を置く．そのあとは，後手が十円玉を置くたびに，それと中心に対して対称な位置に十円玉を置く．すると，後手が十円玉を置くかぎり，先手も必ず十円玉を置くことができる．このゲームは，テーブルの上を少し変えると，後手の必勝になる．中央に底面が円形のスタンドを置けばよい．こんどは，先手が十円玉を置くたびに，それと中心に対して対象な位置に，後手は十円玉を置くことができる．これで情勢は逆転する．

このように，相手の直前の手をオーム返しにする作戦を「**物まね作戦**」と呼ぶ．この節で紹介するゲームは，すべて物まね作戦が使えるゲームであるが，本質を見抜きにくいゲームもある．

次は，碁石の3分割ゲームである．たくさんの碁石を畳の上に一つの山に積む．この山から出発して，2人が交互に一つの山を三つの山に分ける．すると，1個か2個の山はもう三つに分けられないので，どの山も1個か2個の山になったところでゲームは終わる．このとき，最後に三つの山に分けた者が勝ちである．

　このゲームは少し高級に見えるが，やはり先手の必勝である．最初に積まれた碁石を数え，それが偶数か奇数かで作戦をほんの少し変える．偶数のときは，石の個数を $2n+2$ 個とすると，先手は 2 個と n 個と n 個の三つの山に分ければよい．すると，2 個の山はもう分けられないので，後手は必ず n 個の山の一方に手をつける．こちらはもう一方の山に物まね作戦で手をつければ，同じ個数の山が 3 組できる．そのあとも物まね作戦を繰り返せば，最後に三つの山に分けるのは確実にこちらの手番のときである．最初の山の石の個数が奇数のときは，石の個数を $2n+1$ 個とすると，先手は 1 個と n 個と n 個の三つの山に分ければよい．すると，後手は 1 個の山には手をつけられないので，相手はやはり n 個の山の一方に手をつける．あとは偶数のときの物まね作戦をそのまま適用すればよい．

　こう考えると，三つ山くずしのときも，山が二つになれば物まね作戦が使えることに気がつく．二つの山の石の個数が違っていれば，自分の手番で二つの山を同数の石にする．あとは，相手が一方の山から取った石と同数の石をもう一方の山から取ればよい．すると，最後は確実にこちらの手番で終わる．しかし，すでに二つの山の石が同数になっていれば，相手の失敗を期待するしかない．

　もう少し複雑なゲームに，縦と横にマス目を入れた長方形の紙から，交互に 1 列ずつを切り取っていくゲーム（**長方形分割ゲーム**）がある．図 7.1（a）のように，$m \times n$ の長方形の紙がある．これの縦か横にハサミを入れ，マス目に沿ってどこかの 1 列をそっくり切り取る．切り取り方は 2 通りで，端の 1 列か内部の 1 列かのどちらかである．端の 1 列ならばもとの長方形は 1 列だけ短くなり，内部の 1 列ならば残りは 2 枚の小さな長方形に分かれる．こうして，長方形は何枚にも分かれるが，合計の面積は次第に減るので，ゲームはどこかで確実に終わる．このとき，最後に切り取った者が勝ちである．

　このゲームでは，m と n が奇数か偶数かによって，先手必勝か後手必勝かが

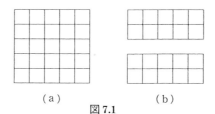

（a）　　　　（b）

図 7.1

決まる．m と n がどちらも奇数のときと，m か n の一方が奇数のときは，先手必勝の手順がある．また，m と n が両方とも偶数のときは，後手必勝の手順がある．どちらも物まね作戦が適用できる．

［**場合 1　m, n がともに奇数のとき**］　図 7.1(a) は 5×5 の正方形なので先手必勝である．先手は図 7.1(b) のように，中央の 1 列を切り取って，同じ形の 2 枚の長方形を残せばよい．後手が一方の長方形から 1 列を切り取れば，先手はもう一方の長方形からオーム返しに切り取ることができる．この物まね作戦は，後手がどのような切り取り方をしても，いつでも適用できる．物まね作戦によって，いつでも同じ形の長方形が 2 枚ずつできるからである．こうして，最後に切り取るのは確実に先手の手番のときである．

［**場合 2　m, n の偶数が異なるとき**］　m か n の一方が奇数，もう一方が偶数のときも完全に同じ作戦が使える．図 7.2(a) は 5×6 の長方形で，図 7.2(b) のように，やはり中央の 1 列を切り取ればよい．あとは説明する必要もない．

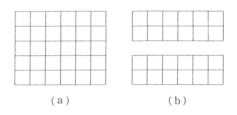

(a)　　　　　　　　(b)

図 7.2

［**場合 3　m, n がともに偶数のとき**］　m と n が両方とも偶数のときは後手必勝の手順がある．しかし，先手が最初にどう切り取るかで，場合が三つに分かれる．図 7.3(a) の 6×8 の長方形で説明する．もっとも簡単なのは，図 7.3(b) のように先手が一方の端を切り取るときである．すると，縦か横のどちらの 1 列を切り取るかで，6×7 か 5×8 の長方形が残る．どちらにしても，これまでの先手の作戦を踏襲して，中央の 1 列を切り取ればよい．図 7.3(c) のように先手が中央のすぐ隣りの 1 列を切り取れば，後手は反対側の 1 列を切り取って，同じ形の 2 枚の長方形を残せばよい．あとは物まね作戦を適用して，後手が確実に勝つ．

図 7.3(d) のように，先手が左右どちらかの 1 列を切り取れば，後手はやはり反対側の 1 列を切り取ればよい．これによって，1×6 の長方形が左右に 1 枚ずつ残り，中央に 4×6 の長方形が 1 枚残る．このときは，左右の長方形と中央の

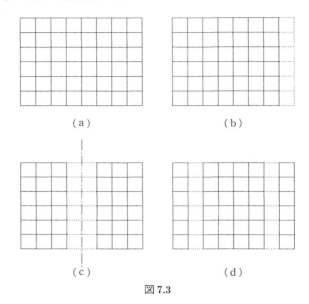

図7.3

長方形に独立の作戦をとる．まず，左右の2枚の長方形に対しては，先手がどちらか一方を切り取るまで，後手は絶対に手をつけないようにする．そして，先手がどちらか一方の長方形に手をつけた瞬間に，物まね作戦で対抗する．こうすると，中央の長方形を切り取っている限り，左右の2枚の長方形は完全に無視できる．こうして，中央の長方形に後手必勝の手順が存在すれば，左右の長方形を含めた3枚の長方形にも後手必勝の手順が存在する．

　中央の（偶数）×（偶数）の長方形に対しては，以下のように，帰納法を使えば後手必勝であることが簡単にわかる．まず，2×2，2×4，4×4 の長方形（または正方形）に対しては，図7.3(d)の切り取り方が存在しないので後手必勝の手順が存在する．

　そこで，$(2m-2) \times 2n$ と $2m \times (2n-2)$ までのすべての長方形に対して，後手必勝の手順が存在すると仮定する．すると，$2m \times 2n$ の長方形の1列を図7.3(d)のように切り取ったとき，縦か横のどちらに切り取るかで，中央に $(2m-4) \times 2n$ までの長方形か $2m \times (2n-4)$ までの長方形が残る．どちらの場合も，帰納法の仮定から後手必勝である．

　これで一般の $m \times n$ の長方形に対するゲームの必勝法を解明したが，途中の考察から面白いことに気がつく．まったく同じ形の2枚の長方形は，他の長方

形と独立に対処できるということである．その2枚だけに独立に物まね作戦を適用すればよいからである．すると，同じ形の2枚ずつの長方形が何組あっても，それぞれの長方形に独立に物まね作戦を適用できるので，事情はまったく同じである．するとさらに，後手必勝の手順が存在する何枚かの長方形があるときも，それらを独立に対処できることがわかる．先手がその長方形の中の1枚に手をつけたときだけ，後手は後手必勝の手順で対抗すればよいからである．

このゲームは，最初に何枚かの長方形を用意したものに拡張しても，先手必勝か後手必勝かを決めるのは容易になる．その中に後手必勝になる長方形の組が含まれているかどうかを模索して，それが何組か見つかれば，これらはすべて無視する．そして，残りの長方形に対してだけ，先手必勝か後手必勝かを調べればよいからである．このように，物まね作戦が適用できるゲームはいろいろある．しかし，少し形を変えると，物まね作戦が適用できることに気がつかず，必勝を逃すこともある．2人ゲームをするときは，その本質がどこにあるかを見抜くことが大切である．

7.2　仮想的な物まねのできるゲーム

ゲームによっては，必勝の具体的な手順はわからないのに，先手必勝であることだけはわかるものがある．その代表が「**ヘックス**」と呼ばれる楽しいゲームである．まず，このゲームについて紹介しよう．図7.4の六角形のマス目に，以下のルールで白石と黒石を交互に1個ずつ置いていく．以下，そのルールを説明する．全体を囲む大きなひし形の4辺を向かい合った2辺ずつに分け，右上と左下の2辺はW，左上と右下の2辺はBとして，それぞれを先手の白の城壁，後手の黒の城壁と定める．そして，先手は白石，後手は黒石を持って，交互に各自の石を1個ずつ内部の六角形のマス目においていく．そして，先手は

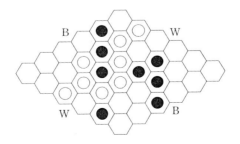

図7.4

2本の白の城壁を白石で結べば勝ち，後手は2本の黒の城壁を黒石で結べば勝ちである．

　このゲームには決して引き分けがない．2本の黒の城壁をどうしても黒石が結べないときは，その間を隙間なく白石が妨害しているはずである．すると，妨害している白石は必然的に2本の白の城壁を結んでいる．図7.4はこの状態を示している．六角形のマス目を使うのは，引き分けが起こらないようにしたためである．なお，この図では6×6のひし形に36個のマスを敷き詰めているが，一般のヘックスでは$n×n$のひし形にn^2個のマスを敷き詰める．これを2人で実際に戦うと，予想以上の楽しさにびっくりする．

　一般のヘックスは，多くの数学者の努力にもかかわらず，必勝の手順が解明されていない．それなのに，先手必勝であることは簡単に証明できる．以下にその証明を紹介するが，まことに見事な証明である．それは後手必勝の手順が存在すると仮定したとき，物まね作戦で先手必勝の手順も存在することになり，矛盾が導けるという論法である．

　まず，先手はどこかのマスに最初の白石を任意に置き，それ以後は，それがないものと解釈して後手必勝の手順で白石をおいていく．すると，その手順では白石が置けないこともある．任意に置いた白石がそのマス目をちょうど塞いでいるときである．このときは，最初と同じように，またどこかのマスに白石を任意に置く．この手順を続けると，後手必勝の手順通りに白石が置けるときと，任意に置いた白石がそのマスを塞いでいるため，どこかのマスに白石を任意に置くときの2通りとなる．ところが，白石をどのマス目に置いても，それが不利に働くことは決してない．このため，もし後手必勝の手順があれば，それから先手必勝の手順も作ることができる．これは明らかに矛盾するので，後手必勝の手順は存在しない．これは先手必勝の手順が存在することを示唆している．

　この見事な証明は競売（セリ）の理論で先駆的な業績を残したナッシュの創案によるもので，同種のゲームにいろいろ応用されている．しかし，先手必勝の具体的手順を求めようとしても，この論法はまったく無力である．このため，これを仮想的な物まね作戦と呼ぶが，常識では思いつかない証明法である．

　仮想的な物まね作戦が適用できるのは，自分の手番でどういう手を打っても，それが決して不利に働かないゲームのときだけである．つまり，「まずい手でもパスするよりまし」というタイプのゲームである．この種のゲームを調べると，

いろいろなゲームがある．以下に，代表的な二つのゲームを紹介する．

最初は「**ブリッジイット**」と呼ばれるゲームで，ヘックスと非常によく似ている．図7.5のように，5×4の格子点にある20個の白マルと4×5の格子点にある20個の黒マルを互いに交錯する形で配置する．ただし，ゲームを始める最初の状態では，図中の線は1本も引かれていない．また，一般のブリッジイットでは白マルと黒マルの個数をそれぞれ$n(n+1)$個ずつにする．

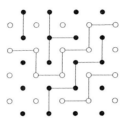

図7.5

ゲームは1本も線が引かれていない状態から出発して，先手は白マルの間を線で結び，後手は黒マルの間を線で結ぶという方法で，交互に1本ずつの線を引く．ただし，相手が引いた線と交差する線を引くことはできない．そして，左右の白マルを折れ線で結べば先手の勝ち，上下の黒マルを折れ線で結べば後手の勝ちである．図は先手が左右の白マルを折れ線で結んだ最終の状態である．

このゲームにも先手必勝の手順が存在する．後手必勝の手順があるとすると，先手は最初に任意の2個の白マルを線で結び，あとは後手必勝の仮想的な物まね作戦を展開する．すると，任意に結んだ線は決して先手の不利に働かないので，やはり矛盾が導かれる．

次は「**チョンプ**（または**板チョコ割りゲーム**）」と呼ばれる愉快なゲームで，ヘックスやブリッジイットとは異質である．$m×n$の長方形のチョコレートの板があり，これを2人が次のルールで交互に噛み取っていく．そして，最後に左下隅のチョコレートを噛み取った者が負けである．そこには毒が少しばかり含まれていると考えればわかりやすい．なお，チョンプというのは噛み取るという意味の英語である．

チョンプのルールを図7.6(a)の4×5の長方形のチョコレートで説明する．噛み取るチョコレートは右上隅の斜線部を含む長方形で，もちろん縦横のマス目にそって噛み取ることが条件である．たとえば図7.6(b)のように先手が点線の長方形を噛み取ると，かぎ形のチョコレートが残る．すると，右上隅の斜

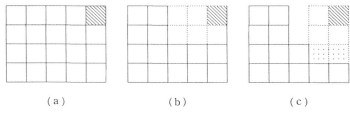

図7.6

線部のチョコレートはなくなるが，後手はそこを一隅とする長方形で噛み取らなければならない．このため，たとえば図7.6(c)のように後手が点線の長方形を噛み取れば，実質的に噛み取るチョコレートは小さな正方形の2個分である（打点部）．この方法で交互に噛み取ると，最後はどちらかが左下隅のチョコレートを噛み取ることになって敗者が決まる．

　このゲームにも先手必勝の手順が存在する．先手はまず右上隅の1個の正方形を噛み取る．それが先手必勝の手順であればそれでよい．このとき，後手に必勝の手順が回れば，それは斜線部のチョコレートを含む長方形であるから，先手は最初からその長方形を噛み取ることができる．まことに見事な証明であるが，**仮想的な物まね作戦**の変形である．このため，先手必勝の具体的な手順は求められない．あとの節で3×5の長方形に対する先手必勝の手順を調べるが，具体的な手順は相当に難解である．

　以上で，仮想的な物まね作戦の適用できる三つのゲームを紹介した．どれも先手必勝のゲームであるが，ここの論法だけでは具体的な手順は不明である．この中には，ヘックスのように未解決なゲームもあれば，ブリッジイットやチョンプのように具体的な手順が解明されているゲームもある．実戦に使えないのが難点であるが，仮想的な物まね作戦の数理は非常に面白い．

7.3　銀貨の鋳造ゲーム

　ここに銀貨の鋳造機がある．A, Bの2人はそれを使って銀貨を交互に鋳造するが，すでに鋳造した銀貨の組み合わせで作れる金額の銀貨は鋳造できない．たとえば，Aは3万円銀貨を鋳造し，Bは4万円銀貨を鋳造すれば，

$$3+3=6, \quad 3+4=7, \quad 4+4=8$$

から，6万円と7万円と8万円の金額は作れる．すると，これに3万円ずつを追加した

$$6+3=9, \qquad 7+3=10, \qquad 8+3=11,$$
$$9+3=12, \qquad 10+3=13, \qquad 11+3=14,$$
$$12+3=15, \qquad 13+3=16, \qquad 14+3=17,$$
$$\cdots\cdots \qquad\quad \cdots\cdots \qquad\quad \cdots\cdots$$

などの金額もすべて作れるので，作れない金額は1万円，2万円，5万円の3種類となる．ただし，1万円を単位として，それ未満の金額は考えないものとする．そこで，Aが2万円銀貨を鋳造すれば，

$$2+3=5$$

から，5万円銀貨も鋳造できなくなる．こうして，Bは1万円銀貨を鋳造することになり，すべての金額が作れるのでゲームは終わる．このとき，1万円銀貨を鋳造した者が負けである．このため，相手に1万円銀貨を鋳造させるように，これまでに鋳造した銀貨の組み合わせを考えながら，いくらの銀貨を鋳造するのがよいかを互いに検討していく．

　このゲームはイギリスの数学者**コンウェイ**が考案したもので，相当に奥が深い．このため，わずかな紙数で背後の数理を解説するのは不可能なうえ，未解決な問題も残されている．このため，ここではおよその感触をつかむ程度にとどめて，ゲームの面白さを味わうことを主眼にする．

　まず，なるべく少ない金額の銀貨を鋳造することから始める．先手は1万円銀貨を鋳造するとその瞬間に負けになるので，次の2万円銀貨を鋳造してみる．すると，後手は3万円銀貨を鋳造してくる．すると，

$$2+2=4, \qquad 2+3=5,$$
$$4+2=6, \qquad 5+2=7,$$
$$\cdots\cdots \qquad\quad \cdots\cdots$$

から，1万円以外のすべての金額は作れる．こうして，先手は1万円銀貨を鋳造する羽目になって負けが決まる．では，次の3万円銀貨を鋳造したらどうか．後手は逆に2万円銀貨を鋳造してくるので，事情は前と完全に同じである．こうして，先手が1万円銀貨，2万円銀貨，3万円銀貨のどれを鋳造しても，後手がそれにうまく対抗すれば，確実に先手の負けとなる．この内容は，前の章の用語を借りれば，1万円銀貨，2万円銀貨，3万円銀貨を鋳造した直後はNの状態であることを示すので，Nのあとに金額をかき込んでN(1)，N(2)，N(3)で表す．すると，2万円銀貨と3万円銀貨を鋳造した直後は逆にGの状態になるので，G(2，3)で表すことになる．

　このゲームで大切なことは，何種類かの銀貨を鋳造したとき，その組み合わせで作れる金額と作れない金額を調べ上げることである．たとえば，最初の例で取り上げた 3 万円銀貨と 4 万円銀貨では，1 万円，2 万円，5 万円以外の金額はすべて作ることができた．この値はどうすれば簡単に求まるか．これに対する解答が図 7.7 である．

　まず，3 と 4 を比べて小さいほうの 3 をとり，0 から始まる 3 個の整数を横に並べる．次に，それに続く 3 個の整数をその下に並べ，さらにそれに続く 3 個の整数をその下に並べるというようにして，0 から始まる整数を順次 3 個ずつ並べていく．すると，横に並んだ 3 個ずつの数が縦にかぎりなく伸びていく．ここに，○印で囲んだ 0 と 4 と 8 は 4 の倍数で，その下の数は順次 3 ずつ足した数である．これは，○印より下の数が 3 と 4 の足し算だけから作れることを示すので，これらの数をすべて縦棒で消す．すると，消されずに残った数は 1，2，5 の 3 個だけで，これが 3 と 4 の組み合わせでは作れない数となる．図形を利用した巧みな方法で，このゲームを調べるには最高の道具となる．

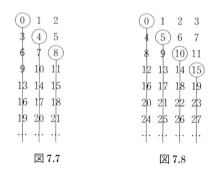

図 7.7　　　　　　　図 7.8

　図 7.8 は，同じ図形を 4 万円銀貨と 5 万円銀貨に対して作ったものである．こんどは 0 から始まる整数を横に 4 個ずつ並べ，それを下にかぎりなく伸ばしていく．すると，0，5，10，15 の 4 個を○印で囲むことになり，その下の数はすべて縦棒で消すことになる．こうして，4 と 5 の組み合わせで作れない数は 1，2，3，6，7，11 の 6 個となる．

　この方法は，n 万円銀貨と $n+1$ 万円銀貨にも適用できる．これまでと同じように，0 から始まる整数を n 個ずつに区切り，それらを縦に

$$0 \sim n-1$$

$$n \sim 2n-1$$

$$2n \sim 3n-1$$
$$\cdots\cdots\cdots\cdots$$
$$\cdots\cdots\cdots\cdots$$

のように並べる．すると，対角線上に並ぶ $n+1$ の倍数は

$$0,\ n+1,\ 2(n+1),\ \cdots\cdots,\ (n-1)(n+1)$$

となるので，これらをすべて○印で囲む．○印から下の数は，n と $n+1$ の組み合わせから作れる数である．この組み合わせから作れない数は，次のように求める．○印で囲んだ n 個の数のすぐ上の数は，これらの数から n を引いた数なので，最初の 0 を除くと，

$$1,\ n+2,\ 2n+3,\ \cdots\cdots,\ (n-1)(n+1)-n$$

となる．また，右端の数は上から順に

$$n-1,\ 2n-1,\ 3n-1,\ \cdots\cdots,\ n^2-n-1$$

となるので，

$$(n-1)(n+1)-n=n^2-n-1 \tag{7.1}$$

に注意すれば，作れない数を横の各列ごとに示すと，

1 列目：1 から $n-1$ まで

2 列目：$n+2$ から $2n-1$ まで

3 列目：$2n+3$ から $3n-1$ まで

$\cdots\cdots\cdots\cdots\cdots\cdots\cdots\cdots\cdots$

k 列目：$(k-1)(n+1)+1$ から $kn-1$ まで

$\cdots\cdots\cdots\cdots\cdots\cdots\cdots\cdots\cdots$

n 列目：n^2-n-1

となる．少しわき道にそれたが，また本題に戻る．

次に，先手が 4 万円銀貨を鋳造したときを考える．これより少額の 1 万円銀貨，2 万円銀貨，3 万円銀貨を鋳造するのは負けとわかっているので，後手は 5 万円以上の銀貨を鋳造しないと勝てない．そこで，まず 5 万円銀貨を鋳造してみる．すると，4 万円銀貨と 5 万円銀貨の組み合わせで作れない金額は，図 7.8 から 1 万円，2 万円，3 万円，6 万円，7 万円，11 万円の 6 種類だけである．しかし，先手は 1 万円銀貨，2 万円銀貨，3 万円銀貨を鋳造するはずがない．残る可能性は 6 万円銀貨，7 万円銀貨，11 万円銀貨の 3 種類である．ここで，先手が 6 万円銀貨か 7 万円銀貨を鋳造してくれれば有り難い．先手が 6 万円銀貨なら後手は 7 万円銀貨，先手が 7 万円銀貨なら後手は 6 万円銀貨を鋳造

して勝ちに導くことができる．これは，どちらの場合も

$$6+5=11, \qquad 7+4=11$$

から11万円銀貨の鋳造が不可能になるためである．こうして，先手は1万円銀貨，2万円銀貨，3万円銀貨のどれかを鋳造する羽目になる．この6万円と7万円のように，相手が一方を選べばこちらはもう一方を選べるとき，これらの2数を「**相棒**」と呼ぶ．すると，すでに調べた2万円と3万円も相棒になっている．

　こうして，先手が6万円銀貨か7万円銀貨を鋳造すれば，後手は相棒の銀貨を鋳造することができる．しかし，先手が11万円銀貨を鋳造すると事情は一変する．後手は6万円銀貨か7万円銀貨を鋳造するしかなく，逆に先手が相棒の銀貨を鋳造できる．これは N（4，5）を示すもので，先手が4万円銀貨を鋳造したとき，後手は5万円銀貨を鋳造すると負けになる．そこで，必勝の可能性を次の6万円銀貨に求める．

　4万円銀貨と6万円銀貨のときは，どちらも2で割り切れるため，奇数万円の金額は一つも作れない．この様子を4と6に対する例の図で調べると図7.9となる．こんどは，1と3の縦列はすべて残っている．しかし，たとえば先手が13万円銀貨を鋳造すると，その下の数字はすべて消すことになるので，後手が同じ列の15万円銀貨を鋳造すれば，上から4列目以降の数字はすべて消される．また，先手が15万円銀貨を鋳造すれば，後手は逆に13万円銀貨を鋳造する．こう見ると，13万円と15万

図7.9

円は相棒になっている．すると，同じことは9万円と11万円や5万円と7万円などにもいえるので，消されていない横の2数はすべて相棒になっていることに気がつく．ただし，1列目は例外で，2万円と3万円が相棒である．この観点から図7.9を見直すと，相棒のいないのは1万円だけである．もちろん，1万円銀貨を鋳造すると負けになるので，この相棒は必要ない．

　以上をまとめると，先手が4万円銀貨，後手が6万円銀貨を鋳造した直後の状態はG（4，6）で，残りの金額は

$$\{2, 3\}, \{5, 7\}, \{9, 11\}, \{13, 15\}, \cdots\cdots$$

のように相棒を作っている．このため，先手がこの中のどれかの金額で銀貨を鋳造したとき，後手は相棒の金額で銀貨を鋳造すればよい．この作戦で，後手は確実に勝つことができる．

　こうして，先手は 1 万円から 4 万円までのどの銀貨を作っても，後手が適切に対抗すれば，確実に後手の勝ちとなる．また，先手が 6 万円銀貨を鋳造しても，後手は 4 万円銀貨を鋳造してくるので，やはり先手の負けとなる．こうして，先手の勝ちになる可能性は 5 万円銀貨か 7 万円以上の銀貨のどちらかになる．

　そこで，先手は 5 万円銀貨を鋳造する．すると，後手は 4 万円以下の銀貨を選ぶはずがないので，6 万円以上の銀貨を鋳造する．しかし，後手が 6 万円銀貨を鋳造すると，先手に 4 万円銀貨を鋳造されて負けになる．このため，後手が鋳造するのは 7 万円以上の銀貨なので，まず 7 万円銀貨を鋳造したときを調べる．例の図によって，5 万円と 7 万円の組み合わせから作れる金額を調べると図 7.10 となる．これから先手が選べる金額は

$$1, \quad 2, \quad 3, \quad 4, \quad 6$$
$$8, \quad 9, \quad 11, \quad 13, \quad 16, \quad 18, \quad 23$$

のどれかとなるが，上段の 5 数が負けになることは検討ずみである．このため，選ぶことのできるのは下段の 7 数しかない．まず 8 万円銀貨を鋳造すると，それに 5 万円，7 万円，8 万円を足した金額は消されるので，図 7.10 は図 7.11 のようにかき直される．これを見ると，後手が選べる金額は

$$1, \quad 2, \quad 3, \quad 4, \quad 6, \quad 9, \quad 11$$

の 7 種類しかない．ところが，

$$\{2, 3\}, \quad \{4, 6\}, \quad \{9, 11\}$$

はそれぞれ相棒を作っている．このため，後手がこの中のどの金額の銀貨を鋳造しても，先手は相棒の銀貨を鋳造することができる．こうして，すでに 5 万

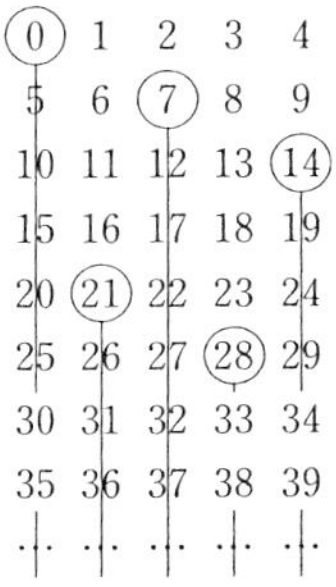

図 7.10

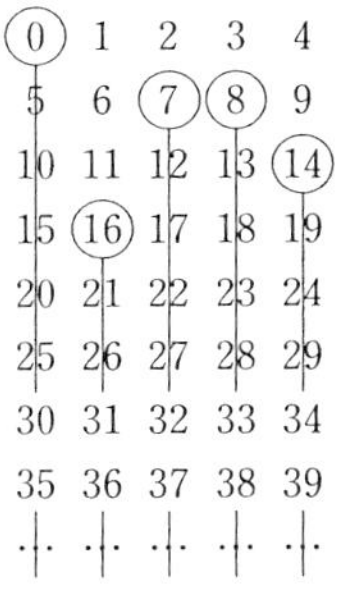

図 7.11

円銀貨と 7 万円銀貨が鋳造されているときは，8 万円銀貨を鋳造すれば勝ちになる．これは G（5，7，8）であることを示す．

　これまでの考察から，先手が 5 万円銀貨を鋳造したときは，後手は 7 万円銀貨を鋳造すると負けになる．このため，さらに高額の銀貨を鋳造することになるが，8 万円銀貨の鋳造は無駄である．先手に 7 万円銀貨を鋳造されると，前と同じ状態に戻ってしまう．こうして，9 万円以上の銀貨を鋳造することになるが，果たして後手の必勝手順は見つかるであろうか．また，なかなか見つからないとき，いくらの金額まで検討すればよいか．こう考えると，この方法から実りのある結果を期待するのは無理である．そこで，個別の考察はここまでにして，一足飛びに結論に移る．

　最終の結論を述べると，先手が 5 万円銀貨を鋳造したときは，後手がどのように対抗しても先手の勝ちになる．それはハッチングスが求めたもので，次の定理から導かれる．

　［ハッチングスの定理］

　　m と n を共通の約数をもたない任意の正の整数とする．このとき，m 万円銀貨と n 万円銀貨が鋳造された直後の状態は N(m, n) である．ただし，$m=2$，$n=3$ のときを除く．

　この定理で，m を素数とすると，m と n は決して共通の約数をもつことはない．ゲームの性質から明らかなように，すでに鋳造された銀貨から作れる金額は除外されるため，n が m の倍数になることは不可能である．ただし，どういう金額の銀貨を鋳造すれば勝ちになるかの具体的な手順は，ハッチングスの定理からは得られない．コンウエイなどの研究によると，先手が 5 万円銀貨を鋳造したときを例にとっても，そのあとの必勝の手順は煩雑を極める．最初の 18 組の相棒を示すと，

　　　　{2，3}，{4，11}，{6，19}，{7，8}，{9，31}，{12，33}，
　　　　{13，37}，{14，18}，{18，16}，{17，18}，{21，69}，{22，23}，
　　　　{23，26}，{24，71}，{27，29}，{29，28}，{32，103}，{34，101}

となり，上に求めた {7，8} も 4 番目に入っている．これらの組から，どのような規則性があるかを見つける問題は未解決である．事実，最後の 2 組を見ると，一方の数が異常に大きくなっていて，規則性があるように感じ取れない．なお，ハッチングスの定理の証明は，本書の程度を越えるので割愛する．

　最後に，このゲームに関連する問題として，m と n が共通の約数をもたない

正の整数のとき，それらの足し算で作れない最大の整数を求めておく．これはイギリスの数学者**シルベスター**が示したもので，**シルベスターの定理**と呼ばれている．式 (7.1) はその特別な場合で，n が m より 1 だけ大きいときに当たる．

　理解を容易にするため，すでに解説した図 7.10 を利用する．これは m が 5，n が 7 のときであるが，あとの考察から明らかになるように，こうしても一般性は失われない．図 7.10 を見ると，○印で囲んだ 7 の倍数が 1 列に並んでいない．これは 5 個ずつを 1 組に折り返したためで，図 7.12 のように調整すれば，○印は 1 列に並ぶ．

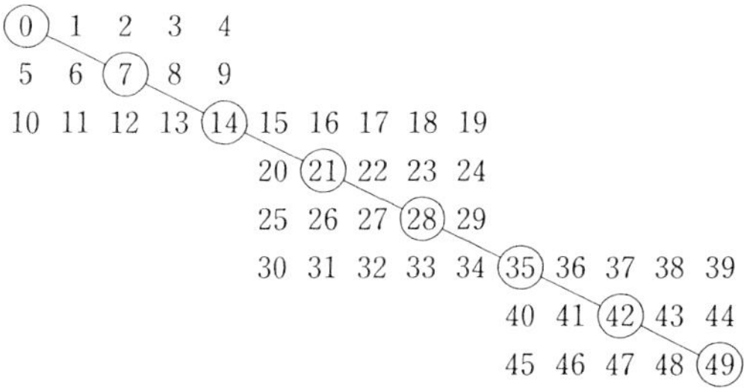

図 7.12

　ここで，○印の数をどこまで取るかをを考えると，横に 5 個（$m=5$）までとったので，同じ個数の 5 個までである．5 番目の数は 28 であるが，この数は 0 から始まる 7 個おきの 5 番目の数と考えると，

$$7 \times (5-1) = 28$$

という計算からも得られる．この値は一般の m，n では $n(m-1)$ となる．すると，5 と 7 の足し算で表せない最大の数はすぐ上の 23 なので，縦の方向に 5 ずつ増えていることから

$$7 \times (5-1) - 5 = 23$$

となる．これを一般の m，n に適用すると，

$$n(m-1) - m = nm - n - m \tag{7.2}$$

となる．式 (7.2) はシルベスターが最初に求めたもので，これより大きい数は必ず m と n の足し算で表される．たとえば，$n=97$，$m=105$ とおくと，この 2 数の足し算から求められない最大の数は

$$97 \times 105 - 97 - 105 = 9983$$

である．このため，9984 以上のどういう整数も必ず 97 と 105 を何個かずつ足し

たもので表される．知らない読者は，この際に覚えていただきたい．

　なお，銀貨の鋳造ゲームを英語でシルバー・コイニッジ（sylver-coinage）というが，シルバーは銀（silver）とシルベスター（Sylvester）をひっかけた命名である．

7.4　チョンプ

　チョンプが先手必勝であることは，仮想的な物まねのできるゲームのところで説明した．しかし，具体的な先手必勝の手順については何も述べていない．以下ではこの問題を取り上げるが，銀貨の鋳造ゲームと同じように，一般的な考察は容易でない．このため，3×5の長方形を対象として，先手必勝の手順をどのように求めるかを解説する．

　チョンプは前の節の銀貨の鋳造ゲームとまったく異質のゲームに見えるが，じつは非常によく似ていることを指摘しておく．図7.13(a)のように，まず，左下隅のマスに1を記入し，横には順次にそれを2倍した数，縦には順次に3倍した数を記入する．そして，残りのマスには横と縦の数の積を図7.13(b)のように記入する．すると，どこかを嚙み取るということは，嚙み取るチョコレートの左下隅のマスを指定すれば決まるので，そのマスの中の数を指定することと同じである．ところが，そのマスを左下隅にもつ長方形の内部のマスに記入された数は，すべて左下隅のマスに記入された数の倍数になっている．このため，チョコレートのような具体的な形を対象としなくても，まったく別の形でゲームの遊び方とルールを決めることができる．

　これには，まず

$$\{1,\ 2,\ 3,\ 4,\ 6,\ 8,\ 9,\ 12,\ 16,\ 18,\ 24,\ 36,\ 48,\ 72,\ 144\}$$

の15個の数を与える．2人はこの中から交互に1個ずつの数を指定し合い，最後に1を指定した者が負けである．このとき，すでに指定した数とその倍数は2度と指定できないと決めれば，チョンプと完全に同じ内容のゲームになる．

9				
3				
1	2	4	8	16

（a）

9	18	36	72	144
3	6	12	24	48
1	2	4	8	16

（b）

図7.13

銀貨の鋳造ゲームでは，すでに鋳造した銀貨の組み合わせで作れる銀貨は鋳造できないとしたが，これを倍数にしたところだけが違っている．このため，相棒を探すという作戦はチョンプでも利用できることになる．

　チョンプの必勝手順を求めるには，どれとどれが G の状態であるかを探し出せればよい．そこで，簡単なものから探すと，まず図 7.14 が見つかる．A は明らかで，B と C はその拡張である．縦方向と横方向が対称で，しかも対称軸上には左下隅のマスしかない．このため，2 個ずつの α，β はそれぞれ相棒になっていて，相手が一方の α または β を選べば，こちらはもう一方の α または β を選ぶことができる．この考え方からすると，図 7.15 の D，E，F もほとんど同じである．2 個ずつの α，β，γ，δ はそれぞれ相棒になっていて，相手は最後に左下隅のマスを噛み取ることになる．

　もう少し複雑なものとしては，図 7.16 の G，H，I がある．これらにも相棒が存在して，相手が一方を選べば，こちらはもう一方を選ぶことができる．ただし，同じマスに二つの文字をかき込んだものもあるので，補足が必要である．たとえば左の G を見ると，右下隅のマスに β と γ がかき込んである．一方，β

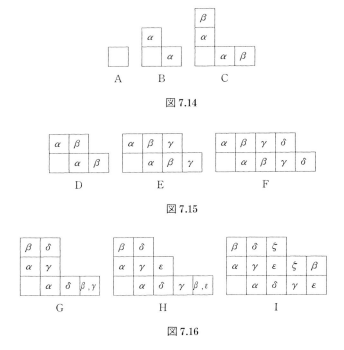

図 7.14

図 7.15

図 7.16

とγを単独にかき込んだマスが1個ずつある。これは、βとγをかき込んだ右下隅のマスが、βとγを単独にかき込んだどちらのマスの相棒にもなっていることを示すもので、相手が右下隅のマスを選んだときは、こちらは2通りの対応の仕方があることを示している。

なお、これらがすべて相棒になっていることを確かめるには、これまでの図を利用する。これをIについて調べてみる。まず、2個のαで噛み取ればAになり、2個のβで噛み取ればFになる。また、2個のγで噛み取ればCになり、2個のδで噛み取ればDになる。さらに、2個のεで噛み取ればGになり、2個のζで噛み取ればHになる。同じことをAからIまでのすべてに対して確かめれば、これらはGの状態であることがわかる。

ところが、3×5の長方形に対しては、Gの状態はこれだけである。これを確かめるには、AからIまでのどれでもない状態をNの状態と定義したとき、Gの状態でどのように噛み取ってもNの状態になり、Nの状態でうまく噛み取るとGの状態になることを示せばよい。このうち、Gの状態でどのように噛み取っても、Gの状態にならないことはほとんど明らかである。どのGの状態に対しても、相棒となる噛み取り方が存在するので、その一方だけを噛み取ってもGの状態にならないからである。

問題はその逆で、どのようなNの状態に対しても、Gの状態に移す噛み取り方が存在することを示すことである。これにはNの状態を完全に把握して、個々の場合を調べるのが簡潔である。このため、3×5の長方形から何回か噛み取ったあとの形を図7.17の a, b, c の3数で表す。すると、最初は横の長さが5なので、

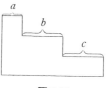

図 7.17

$$a+b+c \leqq 5$$

が成り立つ。ただし、a, b, c はどれも0から5までの整数である。これを満たす a, b, c の組み合わせは、場合を分ければ簡単に得られる。

まず、$a+b+c$ が5になるときは、a が5、4、3、2、1、0のどれになるかに応じて、1通り、2通り、3通り、4通り、5通り、6通りの組み合わせが可能である。この数え方は、たとえば a を2にすると残りの3を b と c で分け合うため、その組み合わせは3と0、2と1、1と2、0と3のどれかになるからである。こうして、

$a+b+c=5$ のとき，$1+2+3+4+5+6=21$ 通り

の組み合わせが可能になる．同じようにして，ほかの場合も調べると，

$a+b+c=4$ のとき，$1+2+3+4+5=15$ 通り

$a+b+c=3$ のとき，$1+2+3+4=10$ 通り

$a+b+c=2$ のとき，$1+2+3=6$ 通り

$a+b+c=1$ のとき，$1+2=3$ 通り

$a+b+c=0$ のとき，1 通り

の組み合わせが可能になり，合計では

$21+15+10+6+3+1=56$ 通り

となる．ただし，この中にはチョコレートをすべて噛み取った空の場合も含まれている．図 7.18 はこれを一覧表に示したもので，空の場合を除いた 55 通りに通し番号がつけてある．

　ここで，図 7.14，図 7.15，図 7.16 を参照しながら，図 7.18 の通し番号と G の状態との対応をつけると，

No	a	b	c	No	a	b	c	No	a	b	c
1	5	0	0	20	0	1	4	39	2	0	1
2	4	1	0	21	0	0	5	40	1	2	0
3	4	0	1	22	4	0	0	41	1	1	1
4	3	2	0	23	3	1	0	42	1	0	2
5	3	1	1	24	3	0	1	43	0	3	0
6	3	0	2	25	2	2	0	44	0	2	1
7	2	3	0	26	2	1	1	45	0	1	2
8	2	2	1	27	2	0	2	46	0	0	3
9	2	1	2	28	1	3	0	47	2	0	0
10	2	0	3	29	1	2	1	48	1	1	0
11	1	4	0	30	1	1	2	49	1	0	1
12	1	3	1	31	1	0	3	50	0	2	0
13	1	2	2	32	0	4	0	51	0	1	1
14	1	1	3	33	0	3	1	52	0	0	2
15	1	0	4	34	0	2	2	53	1	0	0
16	0	5	0	35	0	1	3	54	0	1	0
17	0	4	1	36	0	0	4	55	0	0	1
18	0	3	2	37	3	0	0				
19	0	2	3	38	2	1	0				

図 7.18

A……55 番，　　　E……33 番，
B……51 番，　　　F……17 番，
C……42 番，　　　G……27 番，
D……44 番，　　　H…… 9 番，
D……48 番，　　　Ｉ…… 4 番

となる．このうち，D は 44 番と 48 番に対応するが，それらは単に縦と横だけ
の違いである．こうして，これ以外の番号はすべて N の状態になり，全部で 45
通りの形ができる．それぞれを個別にうまく嚙み取って，どれも G の状態に移
せれば，必勝の手順は得られたことになる．これを具体的に調べると，図 7.19
の鎖線のような嚙み取り方で，それぞれを G の状態に移すことができる．ただ
し，番号によっては 2 通りの嚙み取り方が可能なので，そのうちの 1 通りだけ
を示してある．また，矢印はどの番号が G のどの状態に移せるかを示す．こう
して，A から Ｉまでの 9 個が G の状態，残りの 45 個が N の状態となり，問題

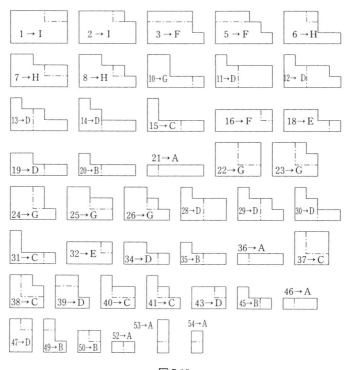

図 7.19

は完全に解決された.

　これまでの考察を見ると, 先手必勝の具体的な手順は求めたが, 3×5 の長方形でもあまり楽ではなかった. このため, これまでの方法を踏襲するかぎり, さらに大きい長方形の考察は煩雑を極めることが予想される. これに代わる方法として, 一般の $m×n$ の長方形の必勝手順を数学的な解析から一挙に求めることが考えられるが, 残念ながら未解決である. ただ手間さえ惜しまなければ, いくら大きい長方形の必勝手順でも, この方法で確実に求められるということである. 興味ある読者は, たとえば 4×5 の長方形に挑戦していただきたい.

7.5　輪作りゲーム

　図 7.20 のように何個かの黒マルを任意に描く. これをゲームの出発点として, 次のルールで交互に輪を描いていく. 最後に輪を描いた者が勝ちである. そのルールは, 輪は必ず 2 個の黒マルを通るように描き, しかもこれまでに描いてある輪と交差してはいけない. また, すでに使った黒マルを通ることも許さないというものである. ごく簡単なルールであるが, 奥が深いゲームである.

図 7.20

　このゲームはイギリスのチェスの大家**ドーソン**が考案したもので, もともとはチェスのポーン (西洋将棋の歩) を使った別の形のゲームである. その内容を分析すると, 2 個ずつのピンを同時に倒すケイルズ (ボーリングの一種) や輪作りゲームのように, まったく別のゲームにいい直すことができる. これらを一括して, ふつうはドーソンのゲームと呼んでいるが, ここではゲームの内容から「輪作りゲーム」と呼ぶ. なお, 輪作りゲームを一般化して, それぞれの輪が通る黒マルの個数を 3 個や 4 個に変えることも考えられるが, 一般の k 個の場合の必勝法は未解決である. また, 2 個の黒マルを通るときは完全に解決されているが, その解析にはグランディー数 (6.7 節) の援用が不可欠になる. 輪作りゲームはこの本の最後の話題なので, その必勝手順を探ると同時に, グ

ランディー数がどのように利用されるかの解説もする．考え方は少し高度になるが，むずかしい数学はまったく使わないので，努力すれば十分に理解できる．

まず注意することは，最初に描いた黒マルが偶数個のときは，先手必勝の手順が簡単に求められるということである．1本目の輪を描くとき，輪の内側と外側に同数個ずつの黒マルが入るように分け，そのあとは物まね作戦を展開すればよいからである．このため，奇数個の黒マルを描いてあるときが問題であるが，グランディー数を利用するときは，偶数個のときも考えておくと便利である．このことは以下の解析から次第に明らかになる．

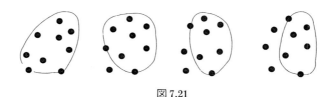

図7.21

このゲームは奥が深いと冒頭で述べたが，なぜ深いかを理解するため，たとえば最初に9個の黒マルを描いたときを考える．すると，先手は2個の黒マルを通る輪を描くので，残りの黒マルは7個である．これが輪の内側と外側にどう分かれるかに応じて，本質的には図7.21の4通りとなる．ただし，内側と外側の黒マルを入れ替えても同じなので，内側の黒マルを多くしてある．

まず，内側に7個の黒マルが入ったときは，後手は最初に7個の黒マルがあると考えて，それに対する先手必勝の手順をとればよい．また，6個と1個に分かれたときも，外側の1個の黒マルは使えないので，後手は最初に6個の黒マルがあると考えて，それに対する先手必勝の手順をとることになる．しかし，5個と2個に分かれたときは話が変わってくる．輪は交差できないので，5個の黒マルを出発点とするゲームと2個の黒マルを出発点とするゲームの二つに分かれる．2個の黒マルはどちらが描いても1本の輪にしかならないので，もう一方の5個の黒マルに対しては，逆に先手必敗の手順をとる必要がある．こうして，先手必勝の手順とともに先手必敗の手順も探す必要がある．このとき，相手が2個の黒マルに手をつけた瞬間に，先手必敗の手順を先手必勝の手順に切り替えることはいうまでもない．これは5個と2個の黒マルが表面上は独立なゲームに見えて，内面では相互に関連し合っていることを示す．最後に，4個と3個に分かれたときも，4個の黒マルを出発点とするゲームと3個の黒マ

ルを出発点とするゲームの二つに分かれる．3個の黒マルはやはり1本の輪にしかならないので，もう一方の4個の黒マルに対する先手必敗の手順が必要になる．このときも，相手が3個の黒マルに手をつけた瞬間に，先手必敗の手順を先手必勝の手順に切り替える必要がある．

9個の黒マルの例を見ると，それを5個と2個か4個と3個に分けたときは，もとの輪作りゲームは二つの独立な輪作りゲームに分割されている．しかし，それらを独立に扱うのではなく，相互の関連のもとに作戦を立てる必要がある．このため，黒マルの個数がさらに増えると，分割されるゲームの個数も急増し，相互の関連を調べるのが相当な作業になる．輪作りゲームの面白さとむずかしさは，このようなゲームの細分過程をいかに巧みに処理するかにある．

この種のゲームを調べるときは，簡単な場合から始めるのが賢明である．そこで，黒マルを順次増加してみる．図7.22は黒マルが1個から4個までのときを示したもので，これまでと同じように，それらがG，Nのどちらの状態であるかを求めている．この状態が相手の手番のとき，相手に勝つ手順がなければGの状態，あればNの状態である．まず，黒マルが0個か1個のときは，2個の黒マルを通る輪は描けないのでGの状態である．黒マルが2個のときは，その2個を通る輪を描くと，逆にこちらが輪を描けなくなる．これはNの状態であることを示す．黒マルが3個か4個のときは，相手が図のように輪を描くと，やはりこちらが輪を描けないのでNの状態である．

G　　N　　　　　N　　　　　N　　　　　　　　　　　　　　G

図7.22　　　　　　　　　　　　　　　　　　図7.23

黒マルが5個のときは，事情が少し違ってくる．図7.23のように，相手は輪の内側に黒マルを3個入れるか，2個入れるかのどちらかである．どちらの場合も，こちらには点線の輪を描く余裕がある．しかも，相手はもう輪が描けない．これはGの状態であることを示す．黒マルが6個から8個のときは，図7.24に示すように，すべてNの状態である．相手がうまく輪を描くと，内側と外側にそれぞれ1本ずつの輪が描けるからである．

これまでの考察を基にすると，黒マルが9個や10個のときも簡単に調べられる．9個のときは，輪の描き方は図7.21の4通りである．まず輪の内部に7個

図 7.24

　の黒マルを入れると, それはNの状態なので, Gの状態にして戻される. 次に
輪の内部に6個の黒マル, 外部に1個の黒マルを入れると, 6個の黒マルはN
の状態なので, やはりGの状態にして戻される. 次に輪の内部に5個の黒マル,
外部に2個の黒マルを入れると, 5個の黒マルはGの状態なので, 外部の2個
の黒マルを通る輪を描いて戻される. 最後に輪の内部に4個の黒マル, 外部に
3個の黒マルを入れると, 内部の2個の黒マルを通る輪を描いて, 内部に2個
の黒マル, 外部に3個の黒マルが残る形にして戻される. どれもGの状態で戻
されるので, 9個の黒マルはGの状態である. 黒マルが10個のときは, 輪の内
部と外部に4個ずつの黒マルを入れると, そのあとは物まね作戦がとれるので
Nの状態である.

　この方法で黒マルの個数は増やせるが, 場合分けが多くなって, ゲームの全
貌を明らかにするのは容易でない. この難点を克服するのがグランディー数を
利用する方法である. これによって, 必勝手順に対する考え方は明解になるが,
それでも具体的な計算は大変である.

7.6　グランディー数による解析

　まず, グランディー数を復習する. 黒マルが k 個あって, まだ輪を1本も描
いていない最初の状態を S_k とし, そのグランディー数を D_k で表す. D はドー
ソンの頭文字で, ドーソンのゲームに対する慣用の記法である. すると, 輪を
1本も描くことのできない最終の状態のグランディー数を0と定義するので,

$$D_0 = D_1 = 0 \tag{7.3}$$

である. 一般の D_k は, 状態 S_k から移ることのできるすべての状態のグランデ
ィー数を調べ, それに含まれていない最小の非負の整数を割り当てる. このた
め, 状態 S_2 と状態 S_3 からはそれぞれ状態 S_0 と状態 S_1 にだけ移ることができ
るので,

$$D_2 = D_3 = 1 \tag{7.4}$$

である．状態 S_4 からは，輪の描き方によって状態 $S_1 \oplus S_1$ か状態 S_2 のどちらかに移ることができる．ここに，$S_1 \oplus S_1$ は独立した二つの状態 S_1, S_1 の和を表すもので，輪の内部と外部に黒マルが1個ずつあることを意味する．状態 $S_1 \oplus S_1$ のグランディー数を $D_1 \oplus D_1$ で表すと，これは輪が1本も描けない最終の状態なので，

$$D_1 \oplus D_1 = 0 \tag{7.5}$$

である．こうして，状態 S_4 から移ることのできる二つの状態 $S_1 \oplus S_1$, S_2 のグランディー数はそれぞれ0と1になり，それに含まれていない最小の非負の整数は2である．こうして，

$$D_4 = 2 \tag{7.6}$$

を得る．

　状態 S_5 からは，S_5 自身がGの状態であるため，輪をどのように描いてもGの状態に移れない．このため，

$$D_5 = 0 \tag{7.7}$$

である．この解釈はすべてのGの状態に適用できるため，

$$D_9 = 0 \tag{7.8}$$

である．一方，Nの状態からはGの状態に移ることができるので，Nの状態のグランディー数は必ず正の整数となる．

　一般の状態 S_k からは，$k-1$ 個の状態

$$S_j \oplus S_{k-j-2}, \quad (j = 0, 1, \cdots\cdots, k-2)$$

に移ることができる．ただし，

$$j \geqq k - j - 2$$

のときを考えれば十分である．このため，状態 S_6 からは

$$S_4, \quad S_3 \oplus S_1, \quad S_2 \oplus S_2$$

の三つの状態に移ることができて，それぞれのグランディー数

$$D_4, \quad D_3 \oplus D_1, \quad D_2 \oplus D_2$$

を求める必要がある．$D_3 \oplus D_1$ や $D_2 \oplus D_2$ はどのように求めればよいか．

　まず，原点に戻って考えてみる．状態 S_1 は輪が1本も描けない最終の状態なので無視できる．このため，

$$D_3 \oplus D_1 = D_3 = 1$$

となる．一方，状態 $S_2 \oplus S_2$ に対しては物まね作戦が展開できるので，これはGの状態である．こうして，

$$D_2 \oplus D_2 = 0$$

を得る．すると，D_4 は 2 とわかっているので，状態 S_6 から移ることのできる三つの状態 S_4，$S_3 \oplus S_1$，$S_2 \oplus S_2$ のグランディー数はそれぞれ 2，1，0 となり，

$$D_6 = 3 \tag{7.9}$$

を得る．

　状態 S_7 からは，

$$S_5, \quad S_4 \oplus S_1, \quad S_3 \oplus S_2$$

の三つの状態に移ることができる．これらのグランディー数のうち，

$$D_5 = 0, \quad D_4 \oplus D_1 = D_4 = 2$$

は明らかである．また，状態 S_3 と状態 S_2 は 1 本ずつの輪が描けるので，物まね作戦を展開すれば G の状態とわかる．こうして，

$$D_3 \oplus D_2 = 0$$

となり，状態 S_7 から移ることができる三つの状態 S_5，$S_4 \oplus S_1$，$S_3 \oplus S_2$ のグランディー数はそれぞれ 0，2，0 となる．これに含まれていない最小の非負の整数は 1 なので，

$$D_7 = 1 \tag{7.10}$$

を得る．

　状態 S_8 からは，

$$S_6, \quad S_5 \oplus S_1, \quad S_4 \oplus S_2, \quad S_3 \oplus S_3$$

の四つの状態に移ることができる．これらのグランディー数のうち，

$$D_6 = 3, \quad D_5 \oplus D_1 = D_5 = 0$$

は明らかである．また，最後の $S_3 \oplus S_3$ には物まね作戦が展開できるので，

$$D_3 \oplus D_3 = 0$$

となる．

　3 番目の $S_4 \oplus S_2$ に対しては，S_4 の中で輪を描くときと S_2 の中で輪を描くときの二つに分けて考える．S_4 の中で輪を描くと，それから移ることのできる状態は $S_1 \oplus S_1$ と S_2 の二つである．S_2 の中で輪を描くと，それから移ることのできる状態は S_0 の一つである．こうして，$S_4 \oplus S_2$ からは

$$S_1 \oplus S_1 \oplus S_2, \quad S_2 \oplus S_2, \quad S_4 \oplus S_0$$

の三つの状態に移ることができる．それぞれのグランディー数は，これまでの考察から明らかなように，

$$D_1 \oplus D_1 \oplus D_2 = 1, \quad D_2 \oplus D_2 = 0, \quad D_4 \oplus D_0 = 2$$

である．このため，$S_4 \oplus S_2$ から移ることのできる三つの状態のグランディー数はそれぞれ 1，0，2 となり，これに含まれていない最小の非負の整数は 3 なので，

$$D_4 \oplus D_2 = 3$$

を得る．

以上の結果をまとめると，状態 S_8 から移ることができる四つの状態 S_6，$S_5 \oplus S_1$，$S_4 \oplus S_2$，$S_3 \oplus S_3$ のグランディー数はそれぞれ 3，0，3，0 となり，これに含まれていない最小の非負の整数は 1 なので，

$$D_8 = 1 \tag{7.11}$$

を得る．

これまでの考察を S_{10}，S_{11}，S_{12}，……などに続けると，それらの状態のグランディー数を順次に求めることができる．しかし，この考察は煩雑なうえ，グランディー数を必勝手順にどう結びつけるかの見当がつかない．そこで，別の観点からグランディー数を見直してみる．

まず，グランディー数の特徴を考えると，ある N の状態から移ることのできる状態のグランディー数は，その状態のグランディー数より確実に小さくなる．逆に，ある G の状態から移ることのできる状態のグランディー数は，その状態のグランディー数より確実に大きくなる．そこで，輪作りゲームが進行した途中の一般の状態を

$$S_{n_1} \oplus S_{n_2} \oplus S_{n_3} \oplus \cdots\cdots \oplus S_{n_k}$$

として，そのグランディー数を

$$D_{n_1} \oplus D_{n_2} \oplus D_{n_3} \oplus \cdots\cdots \oplus D_{n_k}$$

で表す．ここで，k 個の山からなる一般の三つ山くずしを考え，それぞれの山に D_{n_1} 個，D_{n_2} 個，D_{n_3} 個，……，D_{n_k} 個の石があるとする．すると，一つの山からなら何個の石を取ることもできるので，それぞれのグランディー数を順次に減らす一種の石取りゲームになる．

このような石取りゲームを考えると，これまでの三つ山くずしと違う側面が二つ現れる．第 1 はグランディー数が 0 の山は何個あっても，それらをすべて無視していることである．しかし，この山に対応するもとの輪作りゲームの状態を S_r とすると，D_r が 0 ということは後手必勝の手順があることに気がつく．このため，相手が状態 S_r に手をつけたときだけ対抗すれば，S_r 以外の状態とは切り離して考えることができる．第 2 は一つの山から何個かの石を取ったとき，

残りを二つの山に分割できることである．これは三つ山くずしのルールをゆる
めているが，先手必勝か後手必勝かを考えるときは問題ない．というのは，そ
のどちらであるかをケタ上げのない次の2進数の足し算

$$D_{n_1}+D_{n_2}+D_{n_3}+\cdots\cdots+D_{n_k}$$

で判別しているからで，何個の数を足すかは本質的でない．この値が0となれ
ばGの状態，正となればNの状態で，Gの状態からはどのようにしてもNの
状態に移り，Nの状態からはGの状態に移すことが確実にできる．

　以上の考察は，輪作りゲームの必勝手順を与えると同時に，グランディー数
の簡単な計算方法も与えている．たとえば，すでに調べた状態 $S_4 \oplus S_2$ のグラン
ディー数を求めるときは，まず状態 S_4 と状態 S_2 のグランディー数を

$$D_2=1, \qquad D_4=2$$

のように求め，これらを2進数で表して

$$D_2=01, \qquad D_4=10$$

とかく．これのケタ上げのない足し算は

$$01+10=11$$

なので，もとの十進数では3である．こうして，

$$D_2 \oplus D_4=3$$

が簡単に求まる．この計算の特徴は，3個以上の状態でもまったく同じにでき
るということである．たとえば，$S_8 \oplus S_7 \oplus S_6$ のグランディー数を求めるとき
は，

$$D_8=1, \qquad D_7=1, \qquad D_6=3$$

から，それぞれの2進数表示を

$$D_8=01, \qquad D_7=01, \qquad D_6=11$$

で表す．これらに対するケタ上げのない足し算は

$$D_8+D_7+D_6=01+01+11=11 \quad （十進数の3）$$

となるので，グランディー数は3とわかる．

　以上で，輪作りゲームの個々の状態のグランディー数の計算方法と，それを
利用した必勝手順は完全に解明された．残された問題は，どの状態のグランデ
ィー数がいくらになるかということだけである．

7.7　輪作りゲームに対するグランディー数

輪作りゲームに対しては，任意の状態 S_k に対するグランディー数 D_k が一覧

表として求められている．じつは，多くのゲームに対するグランディー数は周期的に巡回することがわかっていて，輪作りゲームに対しては 34 の周期で巡回する．ただし，巡回が始まる最初の k は 53 で，式でかくと

$$D_{k+34} = D_k \quad (k \geqq 53)$$

となる．ただし，ごく一部の例外を除くと，k が 52 以下のグランディー数も同じ周期に従っている．これはイギリスの数学者ガイの研究によるもので，図 7.25 はその一覧表である．また，図 7.26 はその補助表で，輪の内側と外側に何個ずつの黒マルを入れるかの指示を与える．その使い方は次のようになる．たとえば，$S_{14} \oplus S_{12} \oplus S_8 \oplus S_6 \oplus S_4$ の状態が手番のときは，図 7.25 の $k=14$，12，8，6，4 に対する D_k から

k	0	1	2	3	4	5	6	7	8	9	10	11	12	13	14	15	16
D_k	0	0	1	1	2	0	3	1	1	0	3	3	2	2	4	0	5
D_{k+34}	4	0	1	1	2	0	3	1	1	0	3	3	2	2	4	4	5
D_{k+68}	4	8	1	1	2	0	3	1	1	0	3	3	2	2	4	4	5

k	17	18	19	20	21	22	23	24	25	26	27	28	29	30	31	32	33
D_k	2	2	3	3	0	1	1	3	0	2	1	1	0	4	5	2	7
D_{k+34}	5	2	3	3	0	1	1	3	0	2	1	1	0	4	5	3	7
D_{k+68}	5	9	3	3	0	1	1	3	0	2	1	1	0	4	5	3	7

図 7.25

k	0	1	2	3	4	5	6	7	8	9	10	11	12	13	14	15	16	17	18	19	20
D_k	0	0	1	1	2	0	3	1	1	0	3	3	2	2	4	0	5	2	2	3	3
D_{k-2}			0	0	1	1	2	0	3	1	1	0	3	3	2	2	4	0	5	2	2
$D_{k-3}\oplus D_1$					0	1	1	2	0	3	1	1	0	3	3	2	2	4	0	5	2
$D_{k-4}\oplus D_2$							0	0	3	1	2	0	0	1	2	2	3	3	5	1	4
$D_{k-5}\oplus D_3$									0	3	1	2	0	0	1	2	2	3	3	5	1
$D_{k-6}\oplus D_4$											0	2	1	3	3	2	1	1	0	0	6
$D_{k-7}\oplus D_5$													0	3	1	1	0	3	3	2	2
$D_{k-8}\oplus D_6$															0	2	2	3	0	0	1
$D_{k-9}\oplus D$																	0	0	1	2	2
$D_{k-10}\oplus D_8$																			0	1	2
$D_{k-11}\oplus D_9$																					0

図 7.26

$$D_{14}=4, \quad D_{12}=2, \quad D_8=1, \quad D_6=3, \quad D_4=2$$

を読み取って，それぞれを 2 進数にする．ケタ上げのない足し算は

$$100+010+001+011+010=110$$

となるので，最上位が 1 となる 100 を足すと

$$110+100=10（十進数の 2 ）$$

を得る．これは S_{14} のグランディー数を 4 から 2 に変えればよいことを示しているので，図 7.26 を見て，S_{14} を $S_{12} \oplus S_0$ か $S_{10} \oplus S_2$ に変えるように輪を描くことになる．グランディー数の助けを借りなければ，必勝手順を探すのは不可能なゲームである．

引用著書

（1） 池野信一，高木茂男，土橋創作，中村義作：
『数理パズル』，中央公論社(中公新書)，1976

（2） 高木茂男，土橋創作，西山輝夫，有澤誠：
『パズル四重奏 α』，サイエンス社，1980

（3） ビースリー(中村義作訳)：
『ゲームと競技の数学』，サイエンス社，1992

（4） 一松信：
『石とりゲームの数理』，森北出版，1968

（5） 松田道雄：
『パズルと数学 I ，II』，明治図書出版，1958

（6） 松田道雄：
『数学余技』，修教社，1941

（7） W.W.R. Ball & H.S.M. Coxeter：
"Mathematical Recreations and Essays", 13th Edition,
Dover Pub., 1987

（8） E.R. Berlekamp, J.H. Conway & R.K. Guy：
"Wining ways for your mathematical plays, Vols. 1-2",
Academic press, 1982

（9） J.D. Beasley:
"The Mathematics of Games", Oxford Univ. Press, 1989

（10） G. Kowalewski:
"Alte und Neue Mathematische Spiele", Teubner, 1930

（10） E. Lucas:
"Recreations mathematiques, Toms. 1-4",
Albert Blanchard, 1891

さくいん

著者略歴

秋山　仁（あきやま・じん）

1946 年生.
日本医科大学，ミシガン大学，東京理科大学を経て，現在は東海大学教授
（理学博士）.
科学技術庁参与，英文専門誌"Graphs and Combinatorics"編集長，ＮＨＫ
テレビ，ラジオ講座講師.
専門はグラフ理論，離散幾何など.
著書は「幾何学における未解決問題集」（シュプリンガー東京)」「離散数学
入門」（朝倉書店）など多数

中村義作（なかむら・ぎさく）

1928 年生.
ＮＴＴ研究所，信州大学，静岡県立大学を経て，現在は東海大学教授
（工学博士）.
専門は情報工学，経営工学，統計数学，離散数学など.
趣味は数理パズル，邦楽，囲碁.
著書は「マンホールのふたはなぜ丸い？」（日本経済新聞社）など多数.

ゲームにひそむ数理
－ゲームでみがこう!! 数学的センス－　　　　　　　ⓒ 秋山　仁・中村義作　1998

1998 年 5 月 15 日　第 1 版第 1 刷発行　　　【本書の無断転載を禁ず】
2008 年 10 月 30 日　第 1 版第 4 刷発行

著　　　者　秋山　仁・中村義作
発 行 者　森北博巳
発 行 所　森北出版株式会社
　　　　　　東京都千代田区富士見 1-4-11（〒 102-0071）
　　　　　　電話 03-3265-8341／FAX 03-3264-8709
　　　　　　http://www.morikita.co.jp/
　　　　　　ICLS ＜(株)日本著作出版権管理システム委託出版物＞

落丁・乱丁本はお取替え致します　　　　　　印刷／太洋社・製本／協栄製本

Printed in Japan／ISBN 978-4-627-01651-4

ゲームにひそむ数理 ［POD版］　　©秋山　仁・中村義作　1998

2019年4月10日　　　発行

著　　者　　　秋山　仁・中村義作

発 行 者　　　森北　博巳

発　　行　　　森北出版株式会社
　　　　　　　〒102-0071
　　　　　　　東京都千代田区富士見1-4-11
　　　　　　　TEL　03-3265-8341　　FAX　03-3264-8709
　　　　　　　https://www.morikita.co.jp/

印刷・製本　　ココデ印刷株式会社
　　　　　　　〒173-0001
　　　　　　　東京都板橋区本町34-5

　　　　　　　ISBN978-4-627-01659-0　　　　　　　Printed in Japan